JN176553

早稲田大学学術叢書 40

環境リスク管理の法原則

予防原則と比例原則を中心に

藤岡典夫

Norio Fujioka

早稲田大学出版部

The Legal Principles of Environmental Risk Management: the Precautionary and Proportionality Principles

FUJIOKA Norio, PhD, is a policy analyst at Policy Research Institute, Ministry of Agriculture, Forestry and Fisheries, Japan.

First published in 2015 by
Waseda University Press Co., Ltd.
1-9-12 Nishiwaseda
Shinjuku-ku, Tokyo 169-0051
www.waseda-up.co.jp

ISBN 978-4-657-15704-1

Printed in Japan

目　次

略語一覧

ALARA ……As Low As Reasonably Achievable：合理的に達成できる限り低く
ALARP ……As Low As Reasonably Practicable：合理的に実行できる限り低く
BSE ……Bovine Spongiform Encephalopathy：牛海綿状脳症
Codex ……The Codex Alimentarius Commission：コーデックス，国際食品規格委員会
DSU ……Dispute Settlement Understanding：紛争解決了解
EC ……European Community（Communities）：欧州共同体
EFTA ……European Free Trade Association：欧州自由貿易連合
EU ……European Union：欧州連合
GATT ……General Agreement on Tariffs and Trade：ガット，関税及び貿易に関する一般協定
GMO ……Genetically Modified Organisms：遺伝子組換え体（産品・作物）
ICRP ……International Commission on Radiological Protection：国際放射線防護委員会
ILC ……International Law Commission：国際連合国際法委員会
ISO ……International Organization for Standardization：国際標準化機構
OIE ……International Office of Epizootics：国際獣疫事務局
SPS協定 ……Agreement on the Application of Sanitary and Phytosanitary Measures：衛生植物検疫措置の適用に関する協定
SRM ……Specified Risk Material：特定危険部位
TBT協定……Agreement on Technical Barriers to Trade：貿易の技術的障害に関する協定
vCJD ……variant Creutzfeldt-Jakob disease：変異型クロイツフェルト・ヤコブ病
WTO ……World Trade Organization：世界貿易機関

序　章
予防原則の適用をめぐる課題

1　予防原則とは

予防原則（precautionary principle）[1] とはどのようなものかについては，すでに数多くの文献がある[2]ことから，ここでは概観にとどめる。

「予防」という日本語は，例えば，「火災予防」とか，伝染病の「予防注射」というようにも使われるが，これらは予防原則とは関係がない。これらの状況では原因と結果の科学的因果関係が明確だから，わざわざ予防原則を持ち出す必要がない。予防原則が関係するのは，科学的不確実性のある状況である。例えば，二酸化炭素の排出増加が地球温暖化の原因かどうかは明確ではないが予防的に排出を抑制しようという場合や，遺伝子組換え体（GMO）が地球の生態系にどのように影響するか不確実ではあるが予防的に規制をかけようという場合等が，それに当てはまる。

1　本書において，予防原則とは，EU法や国際法でいうところのそれであり，科学的不確実性に対処することを本質的要素と考える。大塚直「予防原則の法的課題」植田和宏・大塚直監修，損害保険ジャパン・損保ジャパン環境財団編『環境リスク管理と予防原則』（有斐閣・2010年）300-301頁。その起源とされるドイツ法の事前配慮原則（Vorsorgeprinzip）とは別である。

2　さしあたり，法学教室に2004-2006年に連載された大塚直「未然防止原則，予防原則・予防的アプローチ」(1)-(7)，環境省『環境政策における予防的方策・予防原則のあり方に関する研究会報告書』（平成16年10月）〈http://www.env.go.jp/policy/report/h16-03/mat01.pdf〉，植田・大塚・前掲注(1)。

事が起きる前に手を打っておく必要性は，「後悔先に立たず」とか「転ばぬ先の杖」というような古くからある諺の教えるとおりであるし，個人の感覚としては至極当たり前のことのように思われるかもしれないが，これが法や政策原則の話となるとそうはいかない。いわば「疑わしいだけで罰す」ことになってしまうからである。事前の規制や措置をとるためには因果関係を明確に示す科学的根拠が必要というのが伝統的な考え方である。

しかし，近年になって，気候変動等の地球環境問題を中心に一部の領域において，科学的に不確実な段階で対応が迫られるようになってきた。人間活動による温室効果ガスの排出の増加と地球温暖化の関係は必ずしも科学的に確実とはいえないが，確実になるまでこのまま手をこまねいていた場合に現実化するかもしれない影響の深刻さを考慮して，温室効果ガスの削減の必要性が世界的に広く認識されるようになった。国際環境法においてそれまでに確立されていた未然防止原則によれば，科学的に特定された因果関係の存在を前提に未然防止措置をとることにとどまっているが，こうした地球環境問題は因果関係の確定が困難である一方で，損害の累積性，回復不可能性，将来世代への甚大な悪影響の可能性がある。このため，科学的不確実性を前提にする予防原則が提唱されるに至ったのである。この概念は，西ドイツの事前配慮原則（Vorsorgeprinzip）を起源としたものであるが，やがてEU（欧州連合）の基本原則となり，さらに国際的に広がっていった。

具体的には，1992年の地球サミットにおける「環境と開発に関するリオ・デ・ジャネイロ宣言」（リオ宣言）に第15原則として「環境を保護するため，予防的アプローチは，各国により，その能力に応じて広く適用されなければならない。深刻な又は回復不可能な損害の恐れがある場合には，完全な科学的確実性の欠如が，環境悪化を防止するための費用対効果の大きな対策を延期する理由として使われてはならない」という表現で定義され，さらに，1992年の生物多様性条約，気候変動枠組条約等，地球環境保護関連の数多くの条約にも同様の表現が取り入れられた。EUでは，地球環境だけでなく広く環境問題に，さらには成長ホルモン使用牛肉や遺伝子組換え体（GMO）の規制等食品安全問題にも広げて援用されてきた。

予防原則は，「持続可能な発展（sustainable development）」原則の派生原則とされている[3]。持続可能な発展原則は，① 生態系の保全など自然のキャパシティ内での自然の利用，環境の利用，② 世代間の衡平，③ 南北間の衡平など世界的に見た公正，の三つを内容とするものである[4]。予防原則の採用が②と③について有する意味を気候変動の例で言えば，化石燃料使用によって利益を受ける主体は先進国及び現世代であり，被害を受けるのは気候変動に脆弱な途上国及び後世代である[5]。

予防原則は，一般的な定義としては「環境に脅威を与える物質又は活動を，その物質や活動と環境への損害とを結びつける科学的証明が不確実であっても，環境に悪影響を及ぼさないようにすべしとするもの[6]」である。法学のほか経済学，社会学，リスク関連諸科学にまたがる概念であり学問分野により若干ニュアンスが異なるとともに，各々においてさまざまな定義の仕方があるが，いずれも，① 科学的不確実性と，② 環境（又は健康）への（深刻な又は回復不可能な）損害のおそれ，③ 予防的行動，をほぼ共通の要素としている。とはいえ，その定義の曖昧さもあって国際法上の慣習法とまではなっていないというのが法学分野での定説である。また，わが国の国内環境法・政策においても上記のような国際的動向の影響を受けて，予防原則は取り入れられつつあるといえるが，環境基本法に明文の規定はない等必ずしも全面的な導入には至っておらず，法原則といえるのかどうかやその要件と効果をめぐっての議論は続いている[7]。

2　予防原則の適用をめぐる課題

1　予防原則に基づく措置の決定という問題

地球環境問題のような科学的不確実性のある環境リスクに予防原則を適用し

3　大塚直『環境法（第3版）』（有斐閣・2010年）50頁。

4　大塚・前掲注(3)49頁。

5　日本リスク研究学会編『増補改訂版　リスク学事典』（阪急コミュニケーションズ・2006年）318-319頁〔「予防原則と後悔しない政策」西岡秀三執筆〕。

6　大塚・前掲注(3)51頁。

7　大塚・前掲注(1)294-297頁。

て対応することの必要性については，広く承認されてきている。しかし，予防原則の適用を決定すれば，それで問題が解決するわけではない。Birnie & Boyleは，国際環境法の教科書において次のように述べている。「予防的アプローチは，我々が法的に重要なリスクが存在するかどうかを見分けることに役立つが，そのリスクをどのように管理すべきか，あるいはいかなる水準のリスクが社会的に受け入れられるかについては何も言わない。それらは政策的な問題であり，ほとんどの社会において，裁判所あるいは科学者によってではなく，むしろ政治家及び社会全体によって最も的確に答えられる。……予防原則あるいはアプローチを援用することだけでは，これらの（予防的）措置が何であるべきか，それらはどの程度強くあるべきかを決定することができない。」[8]

「予防原則に基づき対策をとる」ということは，何らかの行動を起こすということであり，当該リスクの源を禁止又は規制することとイコールではない。もし深刻な又は回復不可能な損害のおそれがある場合に常に規制することになったら，例えば電磁波の健康リスクが疑われている携帯電話も使えなくなり，現代社会は成り立たない。予防原則に基づく措置には，禁止又は規制のような法的な措置もあれば，単にリスク情報を国民に知らせる活動のようなものまで広範な対応が含まれる。そのなかでどのような措置をとるべきか，どの程度の強さの規制や措置をとるべきなのかが，次に問われる重要課題である。それは，言い換えれば，予防原則に基づく措置の合理性をどのようにして担保するか，という問題である。「予防原則に基づく対応を」というのは簡単だが，どのような，どの程度の対策をとるべきかについての十分かつ適切な検討が伴わなければ，単に「転ばぬ先の杖」といった諺程度の意味しか持ち得ない。この問題を法学的に追求することが本書の主要な目的である。

8　Birnie, P. W. and A. E. Boyle, *International Law and the Environment* (Third Edition, Oxford University Press, 2009) at 161-162.　なお，予防原則の適用が受け容れられるリスクの水準を決定する準則だと理解する説もあるが，この点については第3章で検討する。

2　比例原則との関係

ところで，環境リスクを含め種々のリスクへの対応の決定の方法や原則については，リスク論や環境政策論において，あるいは関連の国際機関等においてさまざまに議論されてきている。リスク分析（risk analysis）という，リスク評価（risk assessment），リスク管理（risk management）及びリスクコミュニケーション（risk communication）から構成される考え方が広く普及しており，これは科学的に行われるリスク評価の結果に基づき，リスク管理者がリスク管理措置を決定するという基本的枠組みである。このうち，リスク管理は，「受け容れられるリスクの水準」（acceptable level of risk）の選択について合意し，問題のリスクをその水準以下に抑えるために十分な措置（リスク管理措置）を実施するというアプローチをとる。今日の社会においてリスク・フリーは不可能であることから，さまざまなリスクについて「どこかに許容限界，あるいは耐容限界を設け，危険がそれ以下ならばがまんする，あるいは受け容れるという社会的コンセンサスが必要になる。そこで問題は，どこまで安全ならばよいか（How safe is safe enough?）ということになる」[9]。この「どこまで」が，「受け容れられるリスクの水準」又は「適切な保護の水準」（appropriate level of protection）と呼ばれるもの[10]である。受け容れられるリスクの水準の決定は，リスク管理のまさに中核的部分をなすものである[11]。環境・健康リスク管理は，「受け容れられるリスクの水準」について合意し，当該リスクをその水準以下に抑えるために十分な措置を実施するというものであるから，採用されるリスク管理措置の程度は，受け容れられるリスクの水準に依存することにな

9　日本リスク研究学会編・前掲注(5)269頁〔広瀬弘忠執筆〕。

10　「受け容れられるリスクの水準」，「（適切な）保護の水準」，「許容リスク水準」等の用語が互換的に使用されていることについては，第1章で述べる。

11　de Sadeleerによれば，「リスク管理は，専門家によって実施されるリスク評価とは対照的に，どれだけ安全であれば十分安全であるか（How safe is safe enough?）を決定する市民プロセスである」。de Sadeleer, N., “The Precautionary Principle in European Community Health and Environmental Law: Sword or Shield for the Nordic Countries?” in N. de Sadeleer (ed.), *Implementing the Precautionary Principle: Approaches from the Nordic Countries, EU and USA* (Earthscan, 2007) at 8-19.

る。予防原則に基づく対応にも，上記リスク管理アプローチが適用される（第3章参照）ことから，「受け容れられるリスクの水準」について議論することなく単に「予防原則に基づく対応をせよ」，「予防原則を適用すべき」といってみたところで実際的な意義に乏しい。

一方で，一般的に規制や措置の程度が問題になる場合，法学上は比例原則が最も重要である。比例原則は，目的達成のために手段が必要な限度を超えてはならないとするもので「雀を撃つのに大砲を使ってはならない」との喩えで説明される，法の一般原則である。したがって，問題は，「『受け容れられるリスクの水準』の選択について合意し，当該リスクをその水準以下に抑えるために十分な措置を実施する」という上記環境・健康リスク管理アプローチについて比例原則をどのように適用するべきであるのか，ということである。

この点に関して，2000年の欧州委員会「予防原則に関するコミュニケーション」[12]（以下「欧州委員会のコミュニケーション」という）の以下のくだりは，比例原則を，リスク分析の枠組みにより理解されるリスク管理措置に当てはめ，この問題に解答を示したものといってよいであろう。次のような表現になる。予防原則はリスク分析のうちのリスク管理に関係するものであり，予防原則に基づく措置は，「選択される保護の水準に均衡（比例）している（proportional）」ことが必要である 。より具体的に，「想定される措置は，適切な保護の水準を達成することを可能とするものでなければならない」，「予防原則に基づく措置は，望まれる保護の水準と均衡性を欠くものであってはならない」，また，とられるべき措置の検討に当たり，禁止措置だけでなく「暴露の低減，規制の強化，暫定的制限の採択，リスクにさらされている住民への勧告などのような，同等の保護水準を達成することが可能な，より制限的でない代替案が含まれるべきである」（Para. 6.3.1）とされ，より緩やかな代替手段で目的が達成できる場合はそちらの方を採用すべきだとする。つまり，比例原則による統制は「適切な保護の水準」をベースにするということである。

したがって，「予防原則の下でどのような措置をとるべきか，あるいはとる

12　Commission of the European Communities, "*Communication from the Commission on the Precautionary Principle*", COM (2000) 1 final.

ことができるか」，「予防原則に基づく措置は，どの程度の強さであるべきなのか」の問題の考察には，科学専門家によるリスク評価の結果と並んで，社会的に決定される「適切な保護の水準」（受け容れられるリスクの水準）が中核的な要素となり，これをベースに比例原則による統制の可能性を考える必要がある。

3　比例原則以外のリスク管理原則の適用

「予防原則の下でどのような措置をとるべきか，あるいはとることができるか」の問題を決めるに当たって，比例原則以外にも重要なものがある。まず，リスクトレードオフの考慮の必要性である。何らかのリスク規制をすると，別のリスクが発生するリスクトレードオフという現象がある。そして，単純に予防原則を適用して措置をとると，リスクトレードオフによって，かえってより深刻なリスクを招くおそれもあり得る。例えば，第4章で紹介するが，水道水の塩素処理を発がんリスクの削減のために禁止するとコレラなどの感染症リスクが増大するとか，熱帯地方でのDDTの使用を生態系への悪影響を防ぐために禁止するとマラリアによる死者を増やす，といった事例が環境分野でよく挙げられる。したがって，予防原則を適用する場合にも，リスクトレードオフを考慮した上でどのような措置をとるかを考える必要がある。

次に，一貫性（consistency）原則がある。さまざまな環境リスクのなかで，ある種のリスクについては厳しく制限されている（受け容れられるリスクの水準が低い）一方で，別のリスクについては規制が甘い（受け容れられるリスクの水準が高い）まま許容又は放置されている状況が存在する。そうした差のある状況を一定条件下で回避するように要求するのが一貫性原則である。

予防原則に基づいてとる措置の合理性を確保するためには，これらの諸原則等をも踏まえることが必要である。

3　本書の構成

第1部（第1章～第3章）では，予防原則に基づいてとる措置の合理性を担保する上での中心的問題といえる，比例原則による統制についての問題を扱う。

比例原則とは，目的と手段との均衡・比例性を問題とするものであり，科学的不確実な事象の場合にはそうした衡量が困難であると思われるところ，はたして比例原則は予防原則に基づく措置を統制することができるのか，という疑問が生じないでもない。しかし予防原則に基づいているからといって，規制の程度が無制限であってよいはずはないのであり，やはり比例原則による実体的統制が必要ではないかと考える。科学的不確実性下でとられる予防原則に基づく措置にふさわしい比例原則による実体的統制の可能性とその法的理論構成を試みようというのが，第1部の課題である。そして，この課題に当たり，前述のとおり，環境・健康リスク管理措置における比例原則は，「措置が『(選択される)（適切な）保護の水準』に比例していなければならない」という意味であるから，「(選択される)（適切な）保護の水準」の決定の性格及び裁量の程度との関係において比例原則による実体的統制を考察することとしたい。

そのため，第1章でまず，本書全体を貫く基本的概念である「適切な保護の水準」（受け容れられるリスクの水準）がどういうものかについて，特に東日本大震災後に起きた具体的な事例から観察する。

第2章は，上記の「適切な保護の水準」の理解を踏まえて，予防原則の適用の有無にかかわらない環境・健康リスク管理措置一般についての比例原則による統制の程度について考察する。

第3章はさらに，科学的不確実性下で予防原則が適用される場合，第2章で分析した比例原則による統制に，予防原則がどのように影響するかを考察し，もって予防原則に基づくリスク管理措置に対する比例原則による統制をどのように理解すべきかを総括する。

第2部（第4章，第5章）は，環境・健康リスク管理に適用されるべき原則・手法で比例原則以外のものに関連する考察で，具体的にはリスクトレードオフ分析と一貫性原則を取り上げる。予防原則に基づく対応に当たり，それらの原則等を考慮する必要があることについては，争いはないだろう。しかし，それらの原則等の適用に当たっては，さまざまな問題が発生する。

まず第4章は，リスクトレードオフに関連する課題である。リスクトレードオフに関連して，予防原則の意義について疑問や批判がなされている。つまり，予防原則の適用はかえってリスク増大を招くおそれがある，予防原則は役に立たない，概念自体が矛盾・麻痺であるというのである。こうした疑問・批判は，予防原則に基づく措置の合理性の担保のために，また予防原則の概念・意義を考える上でも，重要な要素を含んでいると思われ，これらをどのように受け止めるべきかについて考える。

第5章で取り上げるのは，一貫性（consistency）原則である。予防原則の適用の有無にかかわらず，環境リスク管理の合理性を確保する上で一貫性原則の適切な運用が重要であり，同原則の内容の明確化に資するため，EU及びWTOの判例等における一貫性原則の現状を整理し，適用要件その他の課題について考える。

第3部（第6章）は，予防原則の適用要件に関する考察である。予防原則の適用要件のうちの一つである「（深刻な又は回復不可能な）損害のおそれ」要件についてである。先述のとおり，「損害のおそれ」要件については，「環境と開発に関するリオ・デ・ジャネイロ宣言（リオ宣言）」第15原則のように「深刻な又は回復不可能な」という限定をつける例が一般的である一方で，欧州委員会の予防原則の定義では，予防原則が適用される場合を「潜在的リスクが，選択された保護の水準に合致しない可能性があるという懸念に合理的な理由がある場合」とし，「（選択される）（適切な）保護の水準」を決定要素としている。この両者の考え方の差にどのような意味があるのかを検討する。

第4部（第7章，第8章，第9章）は，国民の関心の高い食品安全という具体的な分野について予防原則に関連する諸問題を考える。

第7章は，わが国の食品安全政策のあり方についてである。さきの第1部では，予防原則に基づく措置に対する比例原則の統制についてその可能性を考え，また比例原則が，適切な保護の水準をベースに考察されるべきことを論じるのであるが，現実には，震災後の現実として第1章でも触れるように，適切な保護の水準をベースにした政策決定は必ずしもなされていない。本章は，食品の放射性物質汚染にかかる基準値決定及びBSE事件対策における牛肉の制限措置のような食品安全に関する重要な政策決定において，適切な保護の水準の設定に基づいた政策・措置はとられておらず，欠落していること，そして今日，国民の間に見られる過剰なゼロリスク志向や食品安全政策への不信等の重要な問題は，このことに関連しているように思われる。このような食品安全政策の現状を見直すことが望ましいとの立場から，適切な保護の水準の設定に基づいた政策・措置の重要性を訴えることを考えている。

続く第8章では，食品安全政策にかかる上記二つのテーマ——放射性物質汚染とBSE——について，予防原則の適用の状況とともに，それと「適切な保護の水準」の関係について考える。

最後に，第9章では国際貿易分野における予防原則について考える。通商問題に予防原則が関係してくるのは，貿易物品である食品の安全性関連の規制が主なものとなる。食品の安全性関連の規制を国際的に規律するのはWTO（世界貿易機関）のSPS協定（Agreement on the Application of Sanitary and Phytosanitary Measures；衛生植物検疫措置の適用に関する協定）であり，これが関係する主要なWTO上の紛争を具体的に取り上げつつ，WTOにおける予防原則の位置づけを検証する。今日のグローバル経済の下で，食品も含めた物品の自由貿易の確保は極めて重要であり，「食の安全だけを考えて予防原則を適用して規制すればそれで解決」というわけにはいかない。すでにWTOにおいてはいくつかの紛争解決手続において予防原則についての司法判断が下されており，WTOの基本的理念である自由貿易と，食品の安全性確保のための予防的措置という，相反する可能性のある二つの要請にWTOがどのように取り組んでいるかを見ることは，科学的不確実性下における環境・食品政策のあり方を考える上で格好の材料を提供するものといえる。

第1部

予防原則と比例原則

第1章 環境リスク管理における「保護の水準」（受け容れられるリスクの水準）の意義

1 第1部及び本章の課題

第1部（本章から第3章）においては，予防原則に基づく措置に対する比例原則による統制についての問題を扱う。

予防原則に基づく措置といえども，規制の程度が無制限であってよいはずはないのであり，比例原則を適用してその合理性を担保することが必要である。しかしながら，比例原則は，目的と手段との均衡・比例性を問題とするものであり，科学的不確実な事象の場合にはそうした衡量が困難であると思われることから，予防原則に基づく措置に対する比例原則による的確な統制のあり方をどのように構成するか，というのがポイントである。そしてその分析を，適切な保護の水準（受け容れられるリスクの水準）の決定の裁量との関係において行う。

以下，本課題に関係する先行文献について，主要なものをサーベイする。

適切な保護の水準の概念の性格や予防原則におけるその重要性については，Christoforou[1], de Sadeleer[2]及びSchomberg[3]がすでに指摘をしている（第2章及び第3章において詳述する）。これらでは，リスク管理における適切な保護の水準の決定は，そのリスクが課される社会にとっての価値判断であり，規範的決定であること，科学者や専門家が決定するものでなく政治が決定することであ

1 Christoforou, T., "The Precautionary Principle and Democratizing Expertise: a European Legal Perspective", *Science and Public Policy*, Volume 30, Number 3, (2003).

ること，当局に幅広い裁量があること，ゼロリスクも許容されること等と説明されている。

予防原則に基づく措置の比例原則整合性の問題については，de SadeleerがEU裁判所の判例の現状を分析している。そこでは，欧州第一審裁判所のいくつかの事件において比例原則の内容（一般には三つの部分原則から構成されると理解されている。第2章で詳述する）がどのように示されているか，またこれらにおいて問題の措置の比例原則整合性が認定されたこと，利益衡量において健康保護が経済的利益よりも優先するとの原則が確立されたこと等が説明される[4]。

また，赤渕芳宏氏[5]は，欧州第一審裁判所のいくつかの判決をもとに，EU共同体機関による予防原則に基づく措置についての比例原則に関する司法審査が「明白な不適切性」基準により緩やかであること，利益衡量に当たり健康保護が経済的利益より優先するとされていること，これらの結果EUにおける予防原則に基づく措置に対する比例原則による統制が効果的に機能する可能性は高くないこと等を指摘する。

増沢陽子氏[6]は，EUのREACH規則における許可制度について具体的に分析し，予防原則に基づく措置については，目指す目標が具体的に示され，それとの関係で明らかに不均衡が認められるような場合でない限り，比例原則に反するとの判断は難しいのではないかとする。

下山憲治氏[7]は，リスク決定は科学的不確実性がある場合も比例原則に服する

2　de Sadeleer, N., "The Precautionary Principle in European Community Health and Environmental Law: Sword or Shield for the Nordic Countries?" in N. de Sadeleer (ed.), *Implementing the Precautionary Principle: Approaches from the Nordic Countries, EU and USA* (Earthscan, 2007), at 36-40.

3　Schomberg, R. von, "The precautionary principle and its normative challenges", in Elizabeth Fisher, Judith Jones and René von Schomberg (eds.), *Implementing the Precautionary Principle: Perspectives and Prospects* (Edward Elgar, 2006).

4　de Sadeleer, *supra* note 2, at 36-40.

5　赤渕芳宏「学習院大学大学院法学研究科法学論集12　欧州における予防原則の具体的適用に関する一考察―― いわゆるRoHS指令をめぐって」（2005年）382頁。

6　増沢陽子「EU環境規制と予防原則」庄司克宏編著『EU環境法』（慶應義塾大学出版会・2009年）170-171頁。

が，その場合「過剰介入・過小介入禁止をいかに判定していくかが明確にはならず，実用的ではない」，「比例原則が十分に機能しないゆえに，観察義務とよりよい知見が得られたときの事後改善義務へと変換され，リスク制御の手続的保護プログラムとして位置づけられる」，とする。

戸部真澄氏[8]は，ドイツ行政法における不確実性下でのリスク決定への比例原則適用の問題について，主に「狭義の比例性」について「大きな比例性審査」（施設類型ごと，地域ごと，連邦全体での審査）と「小さな比例性審査」（施設ごとの審査）の区別について論じている。

大塚直氏[9]は，科学的不確実性下での比例原則の適用について，次のようにさらに明確に論じる。まずドイツにおいて「事前配慮における認識問題」が比例原則の三つの部分原則毎にどのように考慮されているかを指摘し，次に，EUの予防原則と比例原則との関係について考察した上で，① 科学的不確実な事象の場合に正確な衡量は極めて困難であり，立法府の裁量は広がらざるを得ない，② しかし仮にそれが現実化した場合に損害が深刻な又は不可逆となると見込まれるリスクについてはリスクが小さい場合と同じ扱いをしないよう立法府の裁量に方向付けを与えるという点に予防原則の意義がある，とする。

これらの先行研究は，予防原則に基づく措置に対する比例原則による統制の問題について多くの示唆を与えるものであり，本書もこれらの先行研究の成果に負うところが大きい。これら先行研究の多くは，科学的不確実性のゆえに予防原則に基づく措置に対する比例原則に基づく統制力が弱いこと，それゆえに手続的な面の統制（決定プロセスへの市民参加，より良い知見が得られたときの改善義務等）が重要であることを強調しており，筆者は，こうした見方に基本的には異を唱えるものではない。

とはいえ，比例原則による実体的統制をもう少し掘り下げて追求することが

7　下山憲治『リスク行政の法的構造』（敬文堂・2007年）95-96頁。

8　戸部真澄『不確実性の法的制御』（信山社・2009年）54-58頁。

9　大塚直「予防原則の法的課題」植田和宏・大塚直監修，損害保険ジャパン・損保ジャパン環境財団編『環境リスク管理と予防原則』（有斐閣・2010年）306-312頁。行政裁量については立法裁量ほど広くはなく，当面，予防原則は環境諸法のなかで「おそれ」条項のあるものについて解釈の指針を与えることになる，とする。

可能であるし，必要ではないかと考える。また逆に予防原則に基づいたものであることを無視した通常の統制が行われるのも適切でないし，それは実際不可能である。予防原則に基づく措置にふさわしい比例原則による実体的統制の可能性とその法的理論構成を試みようというのが，第1部の課題である。

特に比例原則には三つの部分原則があり，予防原則の適用によってそのうちどの部分がどの程度の統制力を失うのか，比例原則の統制力が残存する部分がないのかどうかを詳細に見ていくことが必要ではなかろうかと思われる。

本書では，次の二つの観点から分析を進める。

一つにはリスク管理の要である適切な保護の水準の決定についての裁量との関連で分析することである。前述のとおり，何らかのリスク管理措置の決定に当たっては，どこかに「受け容れられるリスクの水準」（適切な保護の水準）の選択について合意し，当該リスクをその水準以下に抑えるために十分な措置を実施するというのが，環境や健康にかかわるリスク管理の一般的なアプローチである。このことは予防原則の適用される場合か否かにかかわらない。よって，環境・健康リスク管理措置（予防原則に基づく措置を含む）の程度は，適切な保護の水準に依存する。また，環境・健康リスク管理措置における比例原則は，上記欧州委員会のコミュニケーションによれば，「措置が『（選択される）保護の水準』に比例していなければならない」という意味である（「受け容れられるリスクの水準」と「選択される保護の水準」とは互換的概念であることについては，後述）。したがって，適切な保護の水準の決定の性格及び裁量の程度との関係において，予防原則に基づく措置に対する比例原則による統制を考察する視点が必要であると思われる。

二つには，予防原則の適用の有無（科学的不確実性の有無）にかかわらない環境・健康リスク管理一般の場合と，予防原則が適用される場合とを明確に区別して考察することである。なぜなら，そうしてはじめて予防原則それ自体の機能・効果が明確になり，予防原則に基づく措置に対する比例原則による統制の問題を正確に把握することが可能になると思われるからである。

以上から，本書の第1部が論ずべき次の三つのステップが特定される。

(A)　まず，予防原則の適用の有無とは離れて，「適切な保護の水準」の決定の性格及び裁量の程度について明確にする。

(B)　次に，上記(A)の「適切な保護の水準」の理解を踏まえて，予防原則の適用の有無にかかわらない環境・健康リスク管理措置一般についての比例原則による統制の程度について考察する。

(C)　さらに，科学的不確実性下で予防原則が適用される場合，予防原則は比例原則にどのように影響するかを考察し，もって予防原則に基づくリスク管理措置に対する比例原則による統制をどのように理解すべきかを総括する。

このうち本章（第1章）では，(A)に入る前提として，「適切な保護の水準」又は「受け容れられるリスクの水準」の概念とはどういうものかについて見る。

2　震災に関連する議論から

「（選択される）（適切な）保護の水準」，「受け容れられるリスクの水準」等と呼ばれるこの概念で留意すべき二つの点がある。一つは，その決定（選択）は規範的決定（価値判断）であって，科学的判断であるリスク評価とは別物であるということである。二つには，安全か危険かの境界（安全基準）ではないということである。ところが，この2点がマスメディアを含め一般には誤解されがちであり，東日本大震災に関連してもこうした誤解を観察することができる。この誤解を観察することは，この概念を理解する上で有益であることから，本章の冒頭にこの点を見ていくこととする。

一つ目。規範的決定（価値判断）である受け容れられるリスクの水準の決定は，科学的判断であるリスク評価とは別であるが，混同されることが往々にしてある。東日本大震災に伴う津波・原発事故に係る「想定外」という用語をめぐる混乱は，このことの一つの例である。

福島第一原子力発電所の事故の後，しばらくの間「想定」や「想定外」という言葉がしきりにマスメディアに登場し，論議になった。15メートルもの大津波に襲われて原発事故を引き起こしたことについて東京電力が「想定外」と説明（弁明）したことに対して，「いや東京電力は実際には想定していた」といった批判記事が，2011年4月から8月頃にかけて見られた。

例えば次の記事である。

A：「東電，15m超の津波も予測…想定外主張崩れる

東京電力が東日本大震災の前に，福島第一原子力発電所に従来の想定を上回る10メートル以上の津波が到来する可能性があると2008年に試算していたことが政府の事故調査・検証委員会で明らかになった問題で，東電は同じ試算で高さ15メートルを超える津波の遡上を予測していたことが24日わかった。

大震災で同原発は，14～15メートルの津波に襲われたが，「想定外の津波」としてきた東電の主張は，15メートル超の遡上高の試算が明らかになったことで崩れた。東電は試算結果を津波対策強化に生かさず，大震災4日前の今年3月7日に経済産業省原子力安全・保安院に対し報告していた。[10]

(下線は筆者による)

この記事は，東電が今回の大津波は「想定外」であったと事故直後に述べたことについて，「実は東電は今回のような大津波を予測（想定）していたのだから，想定外というのは嘘である」と批判しているようである。

池田三郎氏は，震災後に生じた「想定外」をめぐる論議を振り返り，「想定外」にはリスクアセスメント（リスク評価）におけるそれと，リスクマネジメント（リスク管理）におけるそれとに区別されると分析し，次のように述べている。まずリスク評価における「想定外」問題である。これは，どのような内容と状況で，可能なリスクシナリオを設定するか，どこまでの頻度（確率：P）と被害の程度の事象ならば「想定」するかに関する問題である。リスク評価ではリスクを評価するエンドポイントを設定し，リスク事象の発生する頻度（確率：P）と評価対象が被る被害の程度Dを推定する作業となる。リスクシナリオとしては，例えば，5W1H（いつ，どこで，誰が，何を，なぜ，どのような方法で）の「状況設定や前提・制約条件」に含まれる不確実さを考慮しながらシナリオを「想定」するという作業である。次に，リスクマネジメントにおける

10　『読売新聞』2011年8月25日。

「想定外」問題である。これは，「想定」されたリスクシナリオ，リスクの頻度と被害の程度というリスク三重項に基づいて設計されたリスク対応策の代替案の作成と，その中から最終案を選択するという意思決定での課題である。例えば，原発の安全運転の「深層防護」の確保に，住民を含む利害関係者の関心事やリスク許容度がどのような内容でどの程度反映されているかという問題である。国の責任者が非常用電源がすべて喪失するリスクに関して「想定外」とするのは「割り切りである」と述べていると報じられており，これを敷衍すれば，何らかのリスク・費用便益分析的な安全管理上のトレードオフが行われた結果として，全電源喪失というリスクシナリオを「想定外」とする割り切りの意思決定であったと推測される。この意思決定が，どのような合理的な論理と評価要素の重み付けによるトレードオフで行われたのかが重大な問題である。（下線は，筆者による）[11]

以上の池田の区分からすると，記事Aは，「想定」という用語を，リスク評価の結果として可能性の存在を計測するという意味で使用し，リスク評価における「想定外」を問うているように思われる。しかし，今回の原発事故に関して東電（及び当局）の対応で問題になっていることは，どちらかといえば，「リスク評価の結果あるいは過去の大津波の歴史に照らして巨大津波のリスクの存在は分かっていたが，そのリスクは極めて低いとの理由で安全対策を講じる際に考慮（想定）しなかったこと」，つまり，リスク管理における「想定外」問題であったように思われる。記事Aは，「想定」の意味を正確に理解して記述されているとは思われない。木下富雄氏がいうように，想定が外れる事態は常に起こりうるものであり，問題は，「何をどこまで想定したか，想定が外れた場合に備えてどこまで準備しているか」なのである。[12]

「東京電力福島原子力発電所における事故調査・検証委員会」（いわゆる「政府事故調」）最終報告書も，やはり「想定外」という言葉には大別すると二つの意味があるという。すなわち，一つは，最先端の学術的な知見をもってしても予測できなかった事象が起きた場合であり，もう一つは，制度や建築物を作っ

11　池田三郎「『想定外』は『リスク分析』の枠外か？——極低頻度・巨大災害へのリスク分析の展開にむけて」『日本リスク研究学会誌』21⑴（2011年）2-3頁。

たり，自然災害の発生を予測したりする場合に，予想されるあらゆる事態に対応できるようにするには財源等の制約から無理があるため，現実的な判断により発生確率の低い事象については除外するという線引きをしていたところ，線引きした範囲を大きく超える事象が起きたという場合であり，今回の大津波の発生は後者であった，と述べている[13]。ここでは「リスク評価」や「リスク管理」といった用語を使用してはいないものの，「リスク評価における想定外」と「リスク管理における想定外」とを区別する上記池田説と同趣旨と考えられる。

以上のことから，「想定外」問題の中心は，利害関係者のリスク許容度等を踏まえた「割り切り」「線引き」のあり方であると思われる。これは，本書のテーマである受け容れられるリスクの水準の決定のあり方であると考えられる。

次に紹介する新聞の解説記事は，記事Aとは異なり，「想定」の意味及び「受け容れられるリスクの水準」の重要性を理解している。

B：「大震災の突きつけたもの」けいざい百景

「1000年に1度」とされる巨大地震が起き，それは「想定外」だった原発が大事故を起こし，大防潮堤は大津波を防ぎ切れませんでした。背景には，費用が膨らんでも，どこまでの安全を「想定」すべきか，経済効率の問題が隠れています。単純化すれば，「1000年に1度」を想定して費用がかかっても安全を求めるか，「100年に1度」までの想定でいいから費用がさほどかからないようにするか，その選択の問題です。もちろん，費用は私たちが皆で負担しなければなりません[14]。

C：「新しい日本へ　第1部 危機からの再出発(4)『ハコモノ防災』の限界　リスクの議論，政治に責務」

12　木下富雄「『想定』を再考する——福島の経験をもとに」『日本リスク研究学会誌』21 (4) (2011年) 238頁。木下によれば，「想定」とは，「設計のための目標値」「設計の枠組みを与えるための基準」であり，必然的に不確かさを含んだ概念である。ところがこのことを理解していないマスコミや評論家は，少しでも想定が外れると無能呼ばわりしたり，意図的な手抜きをしたと非難することになる，という。

13　「東京電力福島原子力発電所における事故調査・検証委員会」最終報告書（平成24年7月23日）419頁。

14　『読売新聞』2011年4月10日（安部順一）。

東日本大震災で1300人を超す死者・行方不明者がでた岩手県釜石市。海底までの深さでギネスブックにも登録された「世界一」の防波堤があったが，巨大津波を防ぎきれなかった。2本の総延長は1660メートル。1200億円をかけたコンクリート建造物は半壊状態となり，無残な姿に変わり果てた。それなら，もっと大きな防波堤をつくればよいのか。大地震や大津波に備えて，あれも，これも……。厳しい財政事情でこれは現実味に欠ける。……難しい問題に突き当たる「どのくらいの災害・事故に耐えられる施設にするのか」「犠牲が出たらどうするのか」といった議論が避けられない。東大大学院教授の谷口武俊は「それは社会全体で決めるしかない」という。「日本は防災や危機管理の判断を専門家に委ねがちだが，科学が明らかに出来るのは危機が発生する確率まで。『どこまでリスクを受け入れるかは，住民を交えて平時から議論しておかなくてはならない』。最後に決めるのは有権者の代表が話し合う政治の場だが，自民党政権時代も含め，国民がさらされている「リスク」を十分議論してこなかった。予算をつけて「より安全になった」と言っておいた方が問題を先送りできるからだ[15]。（下線は，筆者による）

しかし，リスク管理としてどこまで「想定」するか，つまり受け容れられるリスクの水準（保護の水準）を決めるのは，なかなか困難な問題である。津波の被災地では被災後どの程度の高さの海岸堤防を造るかが問題となっており，岩手，宮城両県が示した従来よりかなり高い海岸堤防の整備案に対して住民から「高すぎる堤防は景観を損ねる」と懸念の声が上がっている，と報道された[16]。これも，受け容れられるリスクの水準の決定をめぐる問題の一つといえよう。

二つ目の問題は，受け容れられるリスクの水準が安全か危険かの境界，つまり安全基準と混同されることである。

その一つの例が，やはり震災に関連する放射性物質にかかる基準である。

政府は，緊急時被ばく状況への対応として，国際放射線防護委員会（Inter-

15　『日本経済新聞』2011年5月5日。

16　『日本経済新聞』2011年10月19日。

national Commission on Radiological Protection，以下「ICRP」という）の参考レベルを考慮して，緊急時被ばくの範囲のうち安全性の観点から最も厳しい年間20ミリシーベルトを採用して計画的避難区域を設定し避難指示を行った。この年間20ミリシーベルトというのは，「① その被ばくによる健康リスクは，他の発がん要因によるリスクと比べても十分に低い水準である。② また，放射線防護措置を実施するに当たっては，それを採用することによるリスク（避難によるストレス，屋外活動を避けることによる運動不足等）と比べた上で，どのような防護措置をとるべきかを政策的に検討すべきである。こうしたことから，年間20ミリシーベルトという数値は，今後より一層の線量低減を目指すに当たってのスタートラインとしては適切であると考えられる[17]」というものである。

参考とされているICRPの提言では，被ばくの状況を緊急時，現存，計画の三つのタイプに分類している。その上で，緊急時及び現存被ばく状況での防護対策の計画・実施の目安として，それぞれについて被ばく線量の範囲を示し，その中で状況に応じて適切な「参考レベル」を設定し，住民の安全確保に活用することを提言している。ICRPの勧告する各状況における参考レベルは，① 緊急時被ばく状況の参考レベルは，年間20 から100ミリシーベルトの範囲の中から選択する。② 現存被ばく状況の参考レベルは，年間1から20ミリシーベルトの範囲の中から選択する。③ 現存被ばく状況では，状況を段階的に改善する取り組みの指標として，中間的な参考レベルを設定できるが，長期的には年間1ミリシーベルトを目標として状況改善に取り組む，というものである。参考レベルとは，経済的及び社会的要因を考慮しながら，被ばく線量を合理的に達成できる限り低くする“最適化”の原則（ALARA原則。第1章で詳述する）に基づいて措置を講じるための目安である。参考レベルは，被ばくの“限度”を示したものではない。また，“安全”と“危険”の境界を意味するものではない。また，放射線防護措置の選択に当たっては，ICRPの考え方にあるように，被ばく線量を減らすことに伴う便益（健康，心理的安心感等）と，放射線を避け

17　内閣官房「低線量被ばくのリスク管理に関するワーキンググループ報告書」（平成23年12月22日）19頁。http://www.cas.go.jp/jp/genpatsujiko/info/twg/111222a.pdf (2012年5月21日アクセス)

ることに伴う影響（避難・移住による経済的被害やコミュニティの崩壊，職を失う損失，生活の変化による精神的・心理的影響等）の双方を考慮に入れるべきである，としている[18]。

ところが，この参考レベルの意味が一般には理解されていないことを，甲斐倫明氏は次のように説明している。日本は平常時の一般公衆の線量限度を1ミリシーベルトとしている。事故が起きたときに最初から，この線量を目安としてしまうと無理に移住させるなど社会的に大きな犠牲を強いることになり，放射線リスク以上の別のリスクを招くことになる。そうしたことを考えて上記のような段階的な決め方をしている。ところが，年間20ミリシーベルトという基準を発表すると，新聞は「基準を緩和」と報道した。年間1ミリシーベルトといった基準が，安全か危険かの境界，つまり安全基準として受け取られており，リスクという概念がほとんど理解されていない[19]。

このように放射性物質をめぐる基準値は，科学的に導き出される安全基準であるかのように一般に受け取られている状況があるのだが，本当はそうではなく，「リスクを容認できる水準以下に制限することを目指す」というものであって，価値判断を含む社会・経済的な決定である。これもやはり「容認できる水準」をどこにするかの問題である。同様の問題は，食品中の放射性物質にかかる基準値の問題にも起きている。

今回の震災に関係して上で見てきたことは，さまざまなリスクに対して我々の社会がこの「どの程度のリスクまで受け容れるか」という課題に向き合うことが必要不可欠であること[20]，同時にこのことが必ずしも容易ではないことを示している[21]。放射性物質だけでなく，BSE規制にも見られる「受け容れられるリスクの水準」が欠落した食品安全政策の問題については，第7章において詳しく述べることとする。

18　内閣官房・前掲注（17）10-11頁。

19　「放射線リスクの真実」座談会（『中央公論』2011年9月号）における甲斐倫明氏発言。

3　受け容れられるリスクの水準の決定規準

1　考え方の経緯

受け容れられるリスクの水準の最も明確な形は，化学物質等についての「10のマイナス何乗」というような「個人生涯過剰発がんリスク」の形で表現される目標リスク水準である。リスク管理の目標水準の考え方については，環境リスク管理の専門家によって次のように説明される[22]。発がん性化学物質のような閾値のないものは，曝露量をゼロにする，すなわち排出量をゼロにしない限り，健康リスクもゼロにはならないが，莫大な費用がかかること等からそれは実際には困難である。そのためリスク管理者は「どの程度ならば安全とみなせるのか」(How safe is safe enough?）という問いに答えなければならない。このことは，閾値のある物質についても，人々の感受性にばらつきがある等の理由か

20　下山氏も，今回の原発事故に関連して，原子力規制において保護水準の明確な設定とその民主的正統化の必要性を主張している。同氏は，リスク管理は，自然科学的判定であるリスク評価を基にした安全性の要求水準（保護水準）を社会的・規範的に確定し，対応措置の選択と実施を行うことと説明する。そして，平成18年9月改定の耐震設計審査指針が基準地震動を上回る地震を「残余のリスク」とし，この残余のリスクを「合理的に実行可能な限り小さくするための努力」が要請されていることは，受容可能リスクとして，従来は暗黙のうちにあった住民・国民の負担を明示したものと見ることができるとする。下山憲治「原子力事故とリスク・危機管理」『ジュリスト』No.1427（2011年）100-106頁。

21　米国や英国では受け容れられるリスクについての議論が盛んで，例えば米国では，食品中の発がん性物質がどの程度までなら安全と見なすかについて長い間の論争があり，1958年に食品医薬品化粧品法に導入されたいわゆる「デラニー条項」がゼロリスクを定めたが，その後幾多の裁判を経て1996年に「デラニー条項」は廃止され，一つの化学物質について発がんリスクとして受け入れられるレベルは，生涯発がんリスク「1万人に1人」から「100万人に1人」くらいという範囲に落ち着いた。一方のわが国では，受け容れられるリスクについての議論は大気環境基準値等以外にはほとんどなされていない（村上道夫・永井孝志・小野恭子・岸本充生『基準値のからくり』(講談社・2014年）19-20頁)。

22　中西準子・蒲生昌志・岸本充生・宮本健一編『環境リスクマネジメントハンドブック』(朝倉書店・2003年）372-377頁〔岸本充生執筆〕。

ら当てはまる。100%安全なレベルが決められないならば，安全と危険の間に線を引いて人為的な安全の定義を作る必要が出てくることになり，そのために，「10のマイナス何乗」というような「個人生涯過剰発がんリスク」の形で表現される目標リスクレベルが提案されてきた。曝露量や環境中濃度などの規制値は，このような目標リスクレベルから逆算されて決められることになる。このようにして，米国では食品添加物の規制に10^{-6}の生涯発がんリスクレベル，日本でも水道水質基準（1993年）と大気環境基準（1996年）に生涯リスクレベル10^{-5}が設定され，これに基づき規制基準値が設定されている。これは，ある程度のリスクは，事実上ゼロリスクに近いとして無視できるか，あるいは我慢できるものとして受け容れる（この水準より低いリスクは，De minimis，とるに足らないリスク，無視しうるリスクとする）という考え方で，そのきっかけは，米国のベンゼン判決[23]であった。こうして，一定の大きさのリスクは常に受け入れ，リスクが一定限度を超えると規制するという考え方が生まれ，これが「等リスク原則」（リスク一定の原則）である。

2　幅を持った目標水準の決定方法とALARP原則，ALARA原則

耐容可能性とALARP原則

等リスク原則という単一の境界値を決めて規制するかどうかを決める方法は，簡明で便利であるが，その決定はなかなか困難であることから，境界値を幅を持って決めるようにしたのが，イギリスの「耐容可能性（tolerability）」の概念である[24]。

23　この判決は，米国労働安全衛生局（OSHA）が規制を発動する基準として単一の“significant risk”「無視できないリスク」（重大なリスク）の値を設定することを命じた。判決は「無視できないリスク」がどの水準であるかを言わなかったが，スティーブンス裁判官は一般論として10^{-3}の発がんリスクは無視できないが，10^{-9}の発がんリスクは無視できるであろうと述べた（中西他・前掲注（22）378頁〔岸本充生執筆〕）。一方，同判決で，マーシャル裁判官は，“significant risk”の基準は，医学的に不確実な事柄の立証責任をアメリカの労働者に課すものであって発がん性物質の効果的な規制を不可能にすると述べており，何が“significant risk”であるかの決定は多くの不確実性・困難を伴う（畠山武道「科学技術の開発とリスクの規制」公法研究53（1991年）165頁）。

この考え方では，「明らかに許容可能な（broadly acceptable）領域」，「許容不可（unacceptable）領域」及びこの二つの領域に挟まれた「耐容可能な（tolerable）領域」の三つに分ける。「明らかに許容可能な領域」のリスクは，費用をかけてリスクを減らすことは合理的でなく，特に対策をとる必要はないし，規制は正当化されない。逆に，許容不可領域のリスクは，便益のいかんにかかわらず許容されない。イギリスの労働安全の分野の運用においては，耐容可能領域と許容不可領域との境界値，つまり最大耐容可能リスクは，超過死亡率10^{-3}とされる。これは，最も危険な職業での労働災害の年間死亡リスクが10^{-3}程度だという事実から来ている。一般公衆へのリスクの最大耐容可能リスクは，労働者の10分の1ということから，10^{-4}とされる。また，耐容可能領域と「明らかに許容可能な領域」との境界値は，労働者，一般公衆を問わず年間10^{-6}とされる。この二つの領域に挟まれた耐容可能領域のリスクは，「無理なく減らせる限界まで低く」しなければならないとされる。この原則がALARP（as low as reasonably practicable：合理的に実行できる限り低く）原則と呼ばれる。具体的には，削減対策の費用と便益とを考慮して決める。[25]

つまり，ALARPの原則を達成するための道具の一つが費用効果分析や費用便益分析といった経済分析である。[26] 社会を観察すると，De minimisの水準を超えたリスクを有していても，その技術や活動がもたらす便益が大きく，当該技術や活動のリスク低減が非現実的な場合，あるいは，それに要する費用がリスク低減から得られる便益に比べ比較にならないほど大きい場合には受け入れていることがある。とはいえ，それには上限が存在し，それを超える場合にはいかに費用がかかっても受け入れられない。リスク受け入れ可能の上限（それを超えるリスクは拒否される）とリスク管理の下限（それを下回るリスクは受容さ

24　岡敏広『環境政策論』（岩波書店・1999年）50-51頁。この場合,等リスク原則は，耐容可能領域の上限と下限を決めるのに使われている（同54頁)。このように上限と下限を定めるというリスク管理枠組みは，米国の汚染土壌浄化プログラムであるスーパーファンドにおいても採用されている（中西他・前掲注（22）378頁〔岸本充生執筆〕)。

25　岡・前掲注（24）51-54頁。

26　中西他・前掲注（22）378頁〔岸本充生執筆〕。

れる＝デミニマス）の間にあるリスクについては，合理的に実現可能な限り改善努力を求めるという考え方である。[27]

ALARA原則

国際放射線防護委員会（ICRP）の考え方は，上記の耐容可能性の考え方に似ている。[28] 放射線防護学の専門家によって次のように説明される。ICRPは，1965年勧告において，「リスク概念」という章を設け，白血病や遺伝的影響のリスクがあるという仮定に立って，放射線防護を組み立てた。これは，いかなる低い線量であってもリスクが存在し，閾値がないと考えた。1977年に，ICRPは，放射線障害を確率的影響と確定的影響に分け，がんと遺伝的影響は閾値がない確率的影響として，リスクを定量的に評価しリスクを容認できるレベル以下に制限するという考え方をとった。1990年勧告では，社会的容認性を① 容認することができないレベル，② 耐えることができるレベル，③ 容認することができるレベル，の三つのレベルで定義した。被ばくの上限値である線量限度は，容認することができないレベルの下限値であるとされた。容認することができないレベルは，職業人で年間死亡確率10^{-3}とされ，このリスクから線量限度を年平均20mSv（ミリシーベルト）と定めた。[29]

また，ICRPの放射線防護の基本的考え方は，「不要な被ばくをさせない」との第一の原則から，被ばくが必要とされるかどうかの判断（正当化とよばれる）を行い，もし被ばくが正当化された場合，社会的・経済的な要因を考慮して，合理的に被ばくを低減するための対策をとることを要求する。これは「最適化」とよばれ，被ばくゼロを要求しているのではなく，低線量被ばくのリスクを合理的に低減することを要求している。[30]「最適化」は，「社会的，経済的要因を考

27　日本リスク研究学会編『増補改訂版　リスク学事典』（阪急コミュニケーションズ・2006年）163頁〔谷口武俊執筆〕。

28　岡・前掲注（24）51頁。

29　甲斐倫明「低線量放射線のリスク評価とその防護の考え方」益永茂樹編『リスク学入門5　科学技術からみたリスク』（岩波書店・2007年）76-77頁。下山・前掲注（20）101頁は，ドイツにおける「危険・リスク・残存リスク」の3段階はこの3区分に概ね対応しているという。

30　甲斐・前掲注（29）78頁。

慮して，過度に制限しないALARA（as low as reasonably achievevable）原則」を内容とするものである[31]。

「最適化」と「ALARA原則」については次のようにも説明される[32]。「過度に対策を行うと得られる便益に見合わない費用が発生する可能性がある。そこで，費用便益分析と便益の観点から最適化を図るという考え方が生まれ」た。「すべての被ばくは，経済的及び社会的な要因を考慮に入れながら，合理的に達成できる限り低く（ALARA）保たれねばならない」。「最適化」は実際的な放射線防護の主要部分であると考えられ，理想的には，被ばくを伴う行為を受け容れることができるかどうかは，費用便益分析の結果に基づいて合理的に決定すべきであるとされた。ただ，2007年勧告（ICRP Publication 103）では，ALARAについて費用便益分析が1990年勧告に比べて重視されていない。

ALARA原則とALARP原則の関係については，「英国はALARPを一貫して使っている一方，ALARAは国際的に放射線防護の分野で使われていて，Interchangeableで，全く同義として言っているということでよい[33]」と説明されている。

3　さまざまなリスク管理規準

アメリカの環境・労働衛生分野の法律の規定には，リスク評価をした結果リスク管理を発動するか否かの判定基準という意味で「リスク管理のクライテリア」として，次のような類型があることが明らかにされている[34]。① Zero risk

---

31　「原子力の安全を問う」第2回公開討論会における甲斐倫明報告（平成23年10月29日）。

32　高度情報科学技術研究機構「ICRPによる放射線防護の最適化の考え」。http://www.rist.or.jp/atomica/data/dat_detail.php?Title_No=09-04-01-07（2012年5月21日アクセス）

33　原子力安全委員会「当面の施策の基本方針の推進に向けた外部の専門家との意見交換——安全確保の基本原則に関すること——第2回会合」（平成23年3月2日）における本間俊充座長代理発言。http://www.nsc.go.jp/annai/kihon22/gensoku/20110302/soki.pdf（2012年5月21日アクセス）

（ゼロリスク），② To the extent feasible（実行可能な範囲で），③ De minimis（とるに足らないリスク），④ Significant risk（重大なリスク），⑤ Reasonable necessary or appropriate（必要な又は適切な），⑥ Ample margin of safety（十分な安全の幅），⑦ As low as reasonably achievable（ALARA）（実行可能な限り低く），等である。

中西準子氏は，① リスクゼロの原則，② リスク一定の原則，③ リスク・ベネフィット原則（ベネフィット当たりのリスク一定の原則）[35]という三つのリスク管理原則があり，最終的には ③ が有効であるが，② も有効な場合があるという[36]。

法学文献では，畠山武道氏が，リスク規制の基準として，① ゼロリスク，② 重大なリスク，③ 実行可能な最善の手段，費用便益分析といった基準が採用されてきたとしている[37]。

以上のように，リスク管理の目標水準や管理規準・原則にはさまざまな考え方があり，また用語の使い方もさまざまであるが，それらはいずれも本書のテーマである「受け容れられるリスクの水準」の決定に関連する。また，それらのクライテリア（規準）のうちかなり多くのものにおいて，費用便益分析や費用対効果（費用効果分析）といった費用の観点が考慮されることに留意すべきである。

4　食品安全リスク管理における「適切な保護の水準」

前述のとおり環境リスク管理一般についてリスク目標水準やそれを含めたリスク管理のあり方については，さまざまな考え方があり，国際的な指針は定められていないが，食品安全リスクについては，WHO（世界保健機関）とFAO（国連食糧農業機関）が共同で2006年にガイドブック「食品安全リスク分析（Food

---

34　東海明宏・岸本充生・蒲生昌志『環境リスク評価論』（大阪大学出版会・2009年）154-155頁〔東海明宏執筆〕。

35　リスク・ベネフィット原則は，単位リスク削減当たりの費用が最も小さいリスク削減策を選択することになり，経済学でいう費用効果分析をリスク削減策に適用したことになる。植田和宏『環境経済学』（岩波書店・1997年）147頁。

36　中西準子『環境リスク論』（岩波書店・1995年）117-118頁。

37　畠山・前掲注（23）164-168頁。

safety risk analysis)」を作成していることから，参考になる。そこでは，上で述べてきたリスク目標水準や許容リスク水準に相当する用語として「適切な保護の水準」（appropriate level of protection）という用語が使用され，その意味やそれを含むリスク管理のあり方について，以下のように述べられている。[38]

① リスク分析は，リスク管理，リスク評価，リスクコミュニケーションの三つの要素によって構成された意思決定過程のことである。リスク管理とは，リスク評価の結果やその他消費者の健康保護や構成の貿易推進に関する要因を踏まえて，すべての利害関係者と協議しながら，リスク低減のための政策措置の選択肢を評価し，必要ならば適切な予防管理手段を選択する（1.2.1）。

② リスク管理の第1段階は，リスク管理の初期作業である。食品安全上の問題を特定する，リスクプロファイルを作成する，広範なリスク管理目標を設定する，リスク評価の必要性を判断する，リスク評価方針を策定する，必要であればリスク評価を委任する，リスク評価結果を検討する，必要であればリスクをランキングする。第2段階は，リスク管理選択肢の特定と選択である。可能な選択肢を特定する，特定されたリスク管理選択肢を評価する，リスク管理選択肢を選択する。第3段階は，リスク管理決定事項の実施である。第4段階は，モニタ及びレビューである（2.2）。

③ リスク管理措置の決定によってもたらされる消費者健康保護水準は，「適切な保護の水準」又は「受け容れられるリスクの水準」と呼ばれている。適切な保護の水準は，ハザードやリスク発生源に関し入手可能な情報のレベルに応じて，一般的なものから個別のものまで多岐にわたる。適切な保護の水準又は将来の目標を表現することは，明らかに中核的なリスク管理機能であり，またそれはほとんどの場合，利用可能なリスク管理選択肢の実行可能性や実用性に関係するものである（2.5.3.1）。

④ リスク評価に基づく食品安全措置は，一般的に目標水準にまでリスク

38　FAO/WHO（林裕造監訳，豊福肇・畝山智香子訳）『食品安全リスク分析（食品安全担当者のためのガイド）』（日本食品衛生協会・2008年）1-44頁。

を軽減するよう考案されており，リスク管理者は，達成しようと目指す健康保護の程度を判断しなければならない。……管理措置は，設定されたヒトの健康保護水準（定量的又は定性的に表現される）を達成することを目的とする（BOX2.15）。

⑤　適切な保護の水準を設定するアプローチとして，概念上ゼロリスクアプローチ（低い曝露レベルでは危害を引き起こさないことが合理的に確実なことを示すリスク評価に基づき，予め定めた「無視できる」又は「概念上ゼロ」のリスクに同等と見なすレベルに保つ），ALARAアプローチ，費用対効果アプローチ，比較リスクアプローチ等が挙げられる（BOX2.16）。

また，わが国においては，『農林水産省及び厚生労働省における食品の安全性に関するリスク管理の標準手順書』[39]が，リスク管理と保護の水準について，次のように述べている。「リスク管理措置案を検討する場合には，国民の健康の保護が最優先の目的であるという基本的認識に立った上で，科学的な根拠以外の要素，例えば実行可能性やコストなども考慮しなければならない」（3. 2）。「食品安全行政においては，適切な保護の水準を確保するためのリスクの大きさに見合う措置を実施しなければならない」（3. 3）。「保護の水準を決定するときは，ヒトに対する健康影響に関する科学的事実だけでなく技術的可能性，費用対効果，社会的な状況，別のリスク（食品安全に関するもの以外も含む。）発生の可能性などを見極める必要がある」（脚注4）。

ただ，「本来は，リスクマネージメント措置案を検討する前に，リスクマネージメントによって達成したい適切な保護の水準を考慮する必要があるのですが，これを関係者とのコミュニケーションで決定するのは非常に困難」[40]というのが実態である。

これらの文書でも，費用対効果などの費用の観点，実行可能性の観点が保護の水準の決定要素とされていることに留意すべきである。

39　農林水産省・厚生労働省『農林水産省及び厚生労働省における食品の安全性に関するリスク管理の標準手順書』（平成17年8月）。http://www.maff.go.jp/j/syouan/seisaku/risk_analysis/sop/（2012年2月1日アクセス）

40　山田友紀子「リスクアナリシス（その6）」『月刊食料と安全』2007年1月号，27-28頁。

4 「受け容れられるリスクの水準」，「適切な保護の水準」等類似用語の関係

「受け容れられるリスクの水準」，「適切な保護の水準」，「望まれる保護の水準」といった類似の用語の意味と関係を明確にしておく必要がある。まず，欧州委員会のコミュニケーションから，こうした用語の関係箇所を抜粋する。[41]（下線は筆者）

3. EUにおける予防原則

予防原則は，……科学的証拠が不十分か，決定的でないか，又は不確実である場合で，環境，人，動物，又は植物の健康への潜在的に危険な影響が選択される保護の水準（the chosen level of protection）に合致しない可能性があるという懸念に合理的な理由があることを暫定的な客観的科学的評価が示している場合という，特定の状況を適用対象とする。

4. 国際法における予防原則

WTO の各加盟国は，それぞれが適切と考える環境保護又は健康の保護の水準（the level of environmental or health protection they consider appropriate）を決定する独自の権利を有している。したがって，加盟国は，予防原則に基づく措置を含む，関係する国際基準又は国際的勧告の定める水準よりも高い保護水準をもたらす措置を適用することができる。……
委員会は，WTO の他の加盟国により示される例に従って，共同体は，とりわけ環境，並びに，人，動物，及び，植物の健康について，共同体が適切と考える保護の水準を定める権利を有していると考えている。……

5. 予防原則の構成部分

予防原則の分析は，二つの全く異なる局面があることを明らかにしている。すなわち，(i) そのように行動するか，行動しないかという政治的決定。

41　環境省『環境政策における予防的方策・予防原則のあり方に関する研究会報告書』（平成16年10月）〈http://www.env.go.jp/policy/report/h16-03/mat01.pdf〉の資料3にある翻訳をベースに若干字句修正を加えて引用。

これは，予防原則の援用を開始させる要因と連関している。そして，(ii)行動する場合，どのように行動するか，すなわち，予防原則の適用に由来する措置である。……予防原則の適用は，科学的不確実性がそのリスクの完全なアセスメントを妨げる場合で，かつ，政策決定者が，環境保護，又は，人，動物及び植物の健康について選択される保護の水準（the chosen level of protection）が損なわれるおそれがあると考える場合における，リスク管理の一部である。

5.2.1. 行動するかどうかの決定

上記のような類の状況において――時折，世論からのさまざまな程度の圧力のもとで――，政策決定者は，対応しなければならない。しかしながら，対応することは，措置が常にとられなければならないことを必ずしも意味しない。何もしないという決定は，それ自身まぎれもなく一つの対応たりうる。このように，一定の状況における適切な対応は，まさに政治的決定の結果であり，そのリスクが課される社会にとって「受け容れられる」リスク水準（the risk level that is “acceptable” to the society）いかんで変化する。

6. 予防原則適用に関する指針

6.2. 開始要因

いったんできる限り最善の科学的評価が行われると，その科学的評価は，予防原則を援用するという決定を行う根拠を提供する可能性がある。かかる評価の結論は，おそらく，環境，又は，ある住民集団にとって望まれる保護の水準（the desired level of protection）が損なわれるおそれがあることを示すべきである。

6.3.1. 均衡性（比例性 Proportionality）

想定される措置は，適切な保護の水準（the appropriate level of protection）を達成することを可能とするものでなければならない。予防原則に基づく措置は，望まれる保護の水準と均衡性を欠くものであってはならず，まずは存在しない，ゼロリスクをめざすものであってはならない。……リスク低減措置には，……同等の保護水準を達成することが可能な，より制限的でない代替案が含まれるべきである。
6.3.4. 行動すること及び行動しないことの便益と費用の検討
長期的にも短期的にも，共同体にとっての全体の費用との関係で，想定される行動により最も起こる可能性の高い良い帰結又は悪い帰結と，行動しないことにより最も起こる可能性の高い良い帰結又は悪い帰結との間で，比較がなされなければならない。想定される措置は，受け容れられる水準までリスクを低減することについて，全体として利益を生み出さなければならない。

「5. 予防原則の構成部分」において，予防原則の適用が（i）行動するか否かという政治的決定と，（ii）行動する場合にどのように行動するか，すなわち予防原則の適用に由来する措置，の二つの局面から構成されると述べられている[42]ことから，この二つの局面に分けてどの用語が使用されているかを見てみよう。

まず，上記（i）の「行動するか否かという政治的決定」の局面である。予防原則の適用には，まず前提として，潜在的な悪影響の確認と，可能な限りの科学的リスク評価（その結果として科学的不確実性）がなければならないのであるが，その科学的リスク評価が，「選択される保護の水準」（3及び5の表現），「望まれる保護の水準」（6.2の表現）が損なわれるおそれがあることを示す場合に，予防原則が適用される，あるいは予防原則の援用という決定が行われるという。また，科学的評価を受けて政策決定者が行動するかどうかを決定しなければならないという状況における適切な対応は，そのリスクが課される社会にとって「受け容れられる」リスク水準（the risk level that is “acceptable” to the society）いかんで変化する，と述べている部分（5.2.1）も，少し表現ぶりは異なるが，上と同じ内容である。

次に，上記（ii）の「予防原則の適用に由来する措置」の局面である。まず「想定される措置は，適切な保護の水準を達成することを可能とするものでなければならない」し，「予防原則に基づく措置は，望まれる保護の水準と均衡性を欠くものであってはならない」。また「リスク低減措置には，……同等の保護

42　さらに「7. 結論」においても，欧州委員会がこの二つの区別に決定的な重要性を置いていることを強調している。

水準を達成することが可能な，より制限的でない代替案が含まれるべきである(6.3.1)。さらに「想定される措置は，受け容れられる水準までリスクを低減することについて，全体として利益を生み出さなければならない」(6.3.4) と述べている。これらのくだりは比例原則又は費用便益分析を表現しており，手段としての予防的措置と，それが達成すべき目的としての「適切な保護の水準」，「望まれる保護の水準」又は「受け容れられるリスクの水準」との関係について述べたものである。

このように，「選択される保護の水準」，「望まれる保護の水準」及び「受け容れられるリスクの水準」という用語は，(i) の局面で予防原則の適用の決定の基準，及び (ii) の局面で予防原則の適用に由来する措置が達成すべき目的，という二つの役割で現れるのであるが，この二つの局面・役割でこれらの用語を使い分けしているわけでもなく，一貫していない（いずれの用語も，両方の局面・役割に出てくる)。

『Codex事務局に対する欧州委員会担当部局からのコメント』[43]という文書に，これらの用語について以下のような説明がある。

> どのようなリスクが公衆にとって受け容れ可能かの決定は，加盟国がその領域で適切と考える健康又は環境に対するリスクの水準に直接依存する（あるいは，むしろそこから結果として生ずる)。したがって，受け容れられるリスクの水準をどこに設定するかの決定は，社会的価値の判断である。この受け容れられるリスクの水準の定義は，特定の事案及び文脈における，行動するか否かの決定とは独立になすことができる。したがって，適切な事案において予防原則を適用することは，「コミュニケーション」で特定された他の条件が満たされることを条件として，健康保護又は環境保護の選択された水準を達成することを目標とする[44]。（下線は筆者）

43　Commission of the European Communities, "Comments from the European Commission Services to the Codex Secretariat". http://ec.europa.eu/food/fs/ifsi/eupositions/ccgp/archives/ccgp01_en.html. 邦訳は環境省・前掲注（41）の資料6 。この文書は，コーデックス委員会（国際食品規格委員会：Codex）の場で欧州委員会のコミュニケーションに対して米国がいくつかの疑問点を提起したのに対して欧州委員会が回答したものである。

このようにこの文書では，「受け容れられるリスクの水準」は「適切と考える健康又は環境に対するリスクの水準」とは別概念であって，前者は後者の結果という説明になっている。

総括すると，欧州委員会のコミュニケーションでは，少なくとも「選択される保護の水準」，「適切と考える環境保護又は健康の保護の水準」，「適切な保護の水準」及び「望まれる保護の水準」は，ほぼ同じ意味で互換的に使用されているように思われる。これらは「どこまで保護すべきか」という観点から決定される。一方，「受け容れられるリスクの水準」は，これらとは別の概念であり（「適切な保護の水準」の結果として「受け容れられるリスクの水準」がある），「どこまでリスクを受け容れるか」という観点から決定されるものといえるであろう。しかし，結局，同じものを別の方向から見たに過ぎないように思われる。Scottは，「『適切な保護の水準』と『受け容れられるリスクの水準』とはコインの両面である」と述べている[45]が，分かりやすい表現であろう。

また，WTOのSPS協定には，「適切な保護の水準」の概念は，附属書A(5)において次のように定義され，「適切な保護の水準」と「受け容れられるリスクの水準」とを同義としている。

> 5　「衛生植物検疫上の適切な保護の水準」とは，加盟国の領域内における人，動物又は植物の生命又は健康を保護するために衛生植物検疫措置を制定する当該加盟国が適切と認める保護の水準をいう。
>
> （注釈）多くの加盟国は，この意義を有する用語として「受け容れられるリスクの水準」も用いている。

SPS協定は，WTO加盟国の採用する衛生植物検疫措置（食品リスクや病気・有害動植物のリスクから人又は動植物の生命・健康を保護するための措置。SPS措置）についての規律を定めるものである。このSPS協定をはじめ特に食品安全・

44　環境省・前掲注（41）271頁をベースに若干字句修正して引用。

45　Scott, J., *The WTO Agreement on Sanitary and Phytosanitary Measures*（Oxford University Press, 2007）at 36.「加盟国は，確保されるべき保護の水準についての決定をなすとき，認容しようと思っているリスクの水準について対応する決定もまた――明示的に又は黙示的に――行う。」

衛生分野においては，「適切な保護の水準」がよく使用され，次のような定義もある。「適切な保護の水準」とは，「加盟国の国民，動物，植物の生命，あるいは健康を守るために，衛生や動植物衛生対策により達成され，その国と国民により適切であると認められる保護水準。単位の上では“リスク”と同義であり，健康被害の起こる頻度と重篤さをともに含む概念である。FSO（摂食時食品安全目標）の設定や食品の安全規格基準の設定，その他リスクマネジメントの基礎値としても参照される」[46]。

このように「適切な保護の水準」及び「受け容れられる（リスクの）水準」は，リスク分析の枠組みにおいてリスク管理目標を表す概念であり，その決定はリスク管理における重要な仕事であるとされている[47]。

環境リスクに関しては，前述のように「目標リスク水準」も使用される。

受け容れられるリスクの水準等は，前述FAO／WHOにもあるとおり，正確な定量的方法で表されるとは限らない。Christoforouも次のように言う。「社会が特定の製品，物質，プロセス又は活動について，あるときに受け容れ可能

46　日本リスク研究学会編『リスク学用語小辞典』（丸善・2008年）184頁。同辞典は，「適切な保護の水準」を食品安全分野の用語に分類している。このように「適切な保護の水準」は，食品あるいは健康関連リスクについて使用するのが多いようであるが，既述のごとく，欧州委員会のコミュニケーションは環境リスクについても使用している。

47　受け容れられるリスク水準の決定をリスク管理（マネジメント）に属させるのか，それともリスク評価（アセスメント）に属させるのか，見方が分かれているようである。上記FAO/WHOをはじめ受け容れられるリスク水準の決定をリスク管理の中核的な要素とする見解がある一方，欧州第一審裁判所のPfizer事件判決（第2章において詳述する）は，受け容れられるリスク水準の決定をリスク評価のプロセスに含めている（para. 149）。また下山氏も，ドイツ公法学におけるリスク管理に関して，①社会的フレーミング段階（リスク同定等），② リスクアセスメント，③ リスク評価，④ リスク管理（狭義）に分けた上で，受容リスクの境界線をどこに引くかの決定を「③ リスク評価」に含ませる（下山憲治「予防原則と行政訴訟」石田眞・大塚直編『労働と環境』（日本評論社・2008年）256頁）。この見解の違いは，「リスク管理」「リスク評価」という用語の定義の差によると思われるが，科学的プロセスとしてのリスク評価と，政策的プロセスとしてのリスク管理との明確な区別という観点からは，リスク管理（マネジメント）に属するとした方が分かりやすいと思われる。

と考えるリスクの水準は，しばしば適切な（健康又は環境の）保護の水準と呼ばれる。……受け容れられるリスクの水準は定性的及び定量的どちらにおいても定めることは可能であるけれども，ECにおいては，実際には，ある特定の製品の利用による100万人のうちの1人の死亡というような正確な定量的方法で表明されてはいない[48]」。また，Schombergも「選択された保護水準……は，常に非常に明確に決定され，又は定義されるとは限らない。EC条約174条2項は，保護水準は，（例えば環境，消費者保護，人と動植物の健康にとって）『高く』あるべきとだけ規定している」とする[49]。

結論として，これらの類似の用語同士の関係については，

① 「保護の水準」のグループ，つまり「選択される保護の水準」，「適切と考える環境保護又は健康の保護の水準」，「適切な保護の水準」及び「望まれる保護の水準」は，同じ意味であり，欧州委員会のコミュニケーションにおいても，またその他の文献でも互換的に使用されていると考える。

② 「受け容れられるリスク水準」は，① の「保護の水準」のグループの用語とは別の概念（「保護の水準」の結果として「受け容れられるリスクの水準」がある）であるが，コインの両面の関係にあり，やはりさまざまな文献で互換的に使用されていると考える。

本書では，基本的には，特に比例原則の適用に関連して措置の目的を表すとき及び食品リスクについて述べるときは「適切な（又は，選択される）保護の水準」を，リスクの受容の文脈で用いるとき等は「受け容れられるリスクの水準」を，状況に応じて他の用語を使用する。

5 小　括

環境・健康リスクをゼロにするのは莫大な費用がかかり困難であることから，

---

48 Christoforou, T., “Genetically Modified Organisms in European Union Law” in N. de Sadeleer (ed.), *Implementing the Precautionary Principle: Approaches from the Nordic Countries, EU and USA* (Earthscan, 2007) at 201.

49 Schomberg, *supra* note 3, at 24.

リスク管理に当たっては，“How safe is safe enough?” という問いに答えなければならず，その答えが「どの程度のリスクまで受け容れるか」，つまり「受け容れられるリスクの水準」（分野により「目標リスク水準」,「適切な保護の水準」等さまざまな名称で呼ばれる）の決定である。

受け容れられるリスクの水準が，どのような規準によって決定されるべきかについては，すべての場合に妥当する唯一の規準のようなものは存在せず，政策論としていくつかの規準や類型が唱えられているが，いずれにせよ，それは，費用対効果や費用便益分析を含む社会的，経済的な諸要因を考慮して行うとされており，さまざまな利害の調整や衡量を反映したものであるといえる。

受け容れられるリスクの水準は，合理的なリスク管理決定のためには不可欠な要素であるが，わが国のリスク政策においてこれに関する議論はほとんど行われていない実情にあり，国民にもほとんど理解されていない。この概念で特にマスメディアを含め一般に正確に理解されていない点は，一つは，その決定（選択）は規範的決定（価値判断）であって，科学的判断であるリスク評価とは別物であるということである。二つには，安全か危険かの境界（安全基準）ではないということである。東日本大震災に関連してもこうした誤解を観察することができる。この震災の後に生じた事象からは，さまざまなリスクに対して我々の社会がこの「どの程度のリスクまで受け容れるか」という課題に向き合うこと（受け容れられるリスクの水準を決定すること）が必要不可欠であること，同時にこのことが容易ではないことが分かる。

第2章
保護の水準（受け容れられるリスクの水準）と比例原則

1 本章の課題

第1部（第1章～第3章）のテーマは，科学的不確実性下でとられる予防原則に基づく措置にふさわしい比例原則による実体的統制の可能性とその法的理論構成を試みようというものである。そして，この課題を，適切な保護の水準（受け容れられるリスクの水準）の決定の性格及び裁量との関係において考察しようとする。本章は，前章での適切な保護の水準（受け容れられるリスクの水準）の理解を踏まえて，まず，予防原則の適用の有無にかかわらない環境・健康リスク管理措置一般についての比例原則による統制の程度について考察する。

最初に，適切な保護の水準の決定は，どのような法的な制約下にあるか，誰が決定権者とされ，その裁量の程度あるいは司法審査の基準は，どのようなものと理解されるかについて検討する。次に，保護の水準の決定と比例原則とはどのような関係にあるのかを考え，その上で，先に明らかにした保護の水準の決定にかかる裁量の程度を踏まえて，比例原則による措置に対する統制の方法あるいは程度がどのように理解されるかの検討へ進む。また，これらの検討に当たっては，主としてEU及びWTO関係の諸文献や判例を参照することにする。

2　保護の水準の決定

1　保護の水準の決定の裁量と性格

EC条約の「高水準の保護の原則」と欧州委員会のコミュニケーション

EUは，環境政策に高水準の保護の原則を掲げており，EC条約174条2項（EU機能条約（TFEU）191条2項）において「共同体の環境政策は共同体の地域ごとの状況の多様性を考慮しつつ，高い保護の水準を目的としなければならない」と規定され，健康保護に関してもEC条約152条1項（TFEU168条1項）において「高水準の人間の健康の保護が，すべての共同体政策及び活動の決定と履行において確保されなければならない」と規定されている。この規定は，技術的に可能な最も高い水準の保護を要求するものではないと解釈されており[1]，緩やかな要求である。

欧州委員会のコミュニケーションにおいても，第1章において見てきたように，保護の水準は極めて重要な要素に位置づけられている。したがって，保護の水準がどのようにして，どのような水準で決定されるか，またそれらにおいてどのような法的な規律に服するのかは，予防原則に基づく措置を含むリスク管理措置のあり方を論ずる際の重要問題となるはずである。ところが，欧州委員会のコミュニケーションには保護の水準の決まり方については，条約の「高水準の保護」の要求，及び「ゼロリスクの追求は許されない」としている点を除いてほとんどふれるところがない（第1章での引用を参照）。

EU裁判所の判例

EU裁判所は，環境・健康リスク管理措置に関係する事件の判決において，「保護の水準」に頻繁に言及する。

1　de Sadeleer, N., "The Precautionary Principle in European Community Health and Environmental Law: Sword or Shield for the Nordic Countries?" in N. de Sadeleer (ed.), *Implementing the Precautionary Principle: Approaches from the Nordic Countries, EU and USA* (Earthscan, 2007), at 35. 上田純子「EU環境法に関する諸原則」庄司克宏編『EU環境法』（慶應義塾大学出版会・2009年）73頁。

まず，共同体機関の措置について，代表例として欧州第一審裁判所の2002年9月11日付Pfizer事件判決[2]から，保護の水準（「受け容れられるリスクの水準」）に関して述べている箇所を抜粋する。

149　欧州委員会がコミュニケーションで述べたように，リスク評価は，次の二つを含む。リスクのどの水準が受け容れ不可能であると考えられるかを決定すること，リスクの科学的評価を実行すること。

150　第一の構成要素については，国際的な，及び共同体の適用可能な法秩序に従えば，EC条約によって付与された権限の範囲内において追求しようとする政治的目的を定義するのは共同体の機関であると考えることが適切である。したがって，WTO協定，特にSPS協定において，加盟国が適切と考える保護の水準を決定することができると，明確に述べられた。

151　社会にとって適切と考える保護の水準を決定するのは共同体の機関である。共同体の機関は，リスク評価の第一の構成要素を扱う間，その保護の水準を参照することによって，人の健康への悪影響及び潜在的悪影響の深刻さの重要な蓋然性の閾値であるリスクの水準（その水準は，もはや社会にとって受け容れられず，そしてその水準以上では現在の科学的不確実性にもかかわらず未然防止措置をとることが必要である）を決定しなければならない。それ故，受け容れ不可能と考えられるリスクの水準の決定は，EC条約によって付与された権限の範囲内において追求しようとする政治的目的を定めるに際して，共同体機関を巻き込む。

152　共同体の機関は純粋に仮説的なアプローチをとることはできない，そしてそれらの決定を「ゼロリスク」に基づかせることはできないけれども，共同体の機関はそれにもかかわらず，EC条約129条(1)第一段落に基づく人の健康の高い保護水準を確保する義務を考慮しなければならない。それは必ずしも技術的に可能な最も高いものである必要はない。

153　受け容れ不可能と考えられるリスクの水準は，それぞれのケースの

2　Case T-13/99 *Pfizer Animal Health SA v Council of the European Union* [2002] ECR II-3305.

特定の状況にかかる権限ある当局によって行われる評価に依存するだろう。その点に関してとりわけ，そのリスクがもし発生した場合の人への影響の深刻さ（悪影響の程度，それらの影響の持続性又は回復可能性，及び遅発的影響の可能性，並びに入手可能な科学的知識に基づくリスクの具体的な認識を含む）を考慮することができる。

167　……本件では，特に，共同体機関は社会にとって受け容れ不可能と考えるリスク水準の決定の際に広範な裁量を享受する。

こうした裁判例から，「特定のケースの状況によって社会にとって適切と考えられる保護の水準を決定するのはECの関連機関であるということは確立された判例法である」[3]，「（EC条約の）規定に基づき，共同体の立法府は環境保護の高い水準を規定することが期待される。欧州司法裁判所が共同体の立法府によって選択された環境保護の水準を，明らかに非合理的でない限り，自由貿易の原則に反すると考えるということはほとんどありそうもないように思われる」[4]，と評されている。

次に加盟国の措置についても，「（共同体による）調和の不在の場合に，人の健康と生命の保護の望ましい水準を決定するのは加盟国である」[5]。代表的判決として，欧州司法裁判所の2003年9月23日付欧州委員会対デンマーク事件判決[6]から，保護の水準（「受け容れられるリスクの水準」）に関して述べている箇所を抜粋する。

42　……行政実行がEC条約第30条に基づき正当化できるかどうかの問題に関して，調和の存在しない場合に，そして不確実性が科学研究の現状において存在し続ける限りにおいて，共同体域内での物品の自由移動の要求を常に考慮しつつ，想定される人の健康又は生命の保護の水準について及び食品の販売の事前承認を要求するかどうかについて決定するの

3　de Sadeleer, *supra* note 1, at 33.

4　Jacobs, F., "The Role of the European Court of Justice in the Protection of the Environment", 18 (2) *Journal of Environmental Law* (2006) at 195.

5　de Sadeleer, *supra* note 1, at 33.

6　Case C-192/01 *Commission v. Denmark* [2003] ECR I-9693.

は加盟国である。

43　公衆衛生の保護に関するその裁量は，ビタミンのような一定の物質（それら自体が一般的には有害ではないが，一般的な栄養の一部として過剰に摂取される場合にのみ有害な影響があるかもしれず，その構成が予見できず又は監視できないもの）に関して不確実性が科学的研究の現状において存在し続けることが示される場合には，とりわけ広範である（Sandoz事件判決para. 31を参照）。

44　それゆえ共同体法は，原則として，加盟国が，ビタミン及びミネラルのような栄養素を組み入れている食品の販売を，事前承認を除いて禁止することを妨げない。

これに関連して保護の水準の決定のあり方については，次のような見解が述べられている。Christoforouは，「すべての社会は健康や環境への受け容れられるリスクの水準を選択する自由があるべきである。……受け容れられるリスクの水準を決定することは，国家の民主的に選ばれたそして責任ある組織に帰属する規範的な決定である，ということは一般に合意されている。……受け容れられるリスクの水準についての決定は，市民に説明責任のない科学者又はその他の種類の専門家によりなされることはできないことは疑いない……すべての利害関係者との対話とフランクなコミュニケーションに基づいて決定されるべきである」[7]とする。de Sadeleerも，「リスクはもっぱら専門家の問題ではない。リスクが受け容れ不可能と判断され，したがって適切な規制措置を通じて隔離を要求することになる基準値の決定においては，さまざまな要因，特に産業，社会及び経済的文脈が決定的な役割を演じる。……リスクの規制は，高度に政治的選択を巻き込む問題である」[8]と述べており，さらに，Schombergも，これらと同趣旨で次のように述べている。「環境又は人の健康の保護については，極めて重要な規範的な政治的選択は，選択される保護水準の決定である」[9]。

7　Christoforou, T., “The Precautionary Principle and Democratizing Expertise: a European Legal Perspective”, *Science and Public Policy*, Volume 30, Number 3, (2003),

8　de Sadeleer, *supra* note 1, at 32.

ChristoforouやSchombergのいう「規範的決定」あるいは「規範的選択」という言葉がポイントであり，「規範的（normative）」とは，「事実的な科学的ステートメントと対照される，規範的な（prescriptive）ステートメント及び／又は価値判断すべて」[10]である。

まとめれば，EUの「適切な保護の水準」，「選択された保護の水準」，「受け容れられるリスクの水準」は，そのリスクが課される社会にとっての価値判断であり，規範的決定であること，科学者や専門家が決定するものでなく利害関係者との対話に基づいて政治が決定することであること，共同体立法府や加盟国に幅広い裁量があり，したがって裁判所がその決定を違法とすることは（明らかに非合理的でない限り）ありそうにないとして理解されているといえる[11]。

2　ゼロリスクの追求の可否

しかし，幅広い裁量があるといっても，極端な高い保護の水準であるゼロリスクの追求も，法的に問題ないのだろうか。

欧州委員会のコミュニケーションは，ゼロリスクの追求を排除する。前掲のPfizer事件判決も，「ゼロリスクは存在しない，なぜなら，飼料への抗生物質の添加に伴う現在又は将来のリスクが存在しないと科学的に証明することは不可能であるからである」（para. 145）と述べた。EU裁判所はゼロリスクの追求

9　Schomberg, R. von “The precautionary principle and its normative challenges”,in Elizabeth Fisher, Judith Jones and René von Schomberg (eds.), *Implementing the Precautionary Principle: Perspectives and Prospects* (Edward Elgar, 2006).

10　*Id.*, at 19.

11　下山憲治『リスク行政の法的構造』（敬文堂・2007年）78頁は，リスクの受容は「リスクに対する複雑で，合理的かつ感情的価値評価・意思決定プロセスであり，利害関係や価値観が多様に絡んでくる社会レベルでのリスク問題にかかわる」として，受容リスクの境界線をどこに引くかの決定は，価値判断によって導かれるとしている。また，阿部は，どの程度のリスクを受け容れるかというリスク管理の問題は，科学問題ではなく，国民の選択ないし政策の問題であるとする（中西準子，蒲生昌志，岸本充生，宮本健一編『環境リスクマネジメントハンドブック』（朝倉書店・2003年））378頁〔阿部泰隆執筆〕)。これらは，本文で述べたEU等における「保護の水準」「受け容れられるリスクの水準」に関する議論と基本的に同趣旨であろう。

を許さないとしているようにも見える。

しかし，de Sadeleerは，WTO上級委員会及びEFTA（欧州自由貿易連合）の上級委員会がゼロリスク水準を目指すことを認めていることを考慮しつつ，欧州第一審裁判所の上記Pfizer事件判決は一般にゼロリスクの追求を許さないとしたのではないと解釈し，ほかにゼロリスクの追求を許容する欧州司法裁判所の事例として2004年4月1日付Bellio F.lli Srl v Prefettura di Treviso事件判決[12]等を挙げ，「すべてのリスクを取り除く決定は，純粋に政治的責任が関係する問題であり，司法審査は（そうした政治決定に）高度に敬譲的であるべき」とする[13]。

Christoforouも，欧州の社会は「高い健康保護の水準」を掲げ，一般的にリスク回避を求める政策を追求することから，ゼロリスク政策の追求は，食品法，環境保護その他の法領域で，欧州ではまれなことではないこと，またゼロリスク水準を追求する履行措置が常にリスクを除去できるわけではないという事実は，ゼロリスクを目的とすることを拒む理由にならないこと，さらに，ゼロリスク水準を追求することは，no risk を達成することと同義であるとは限らず，特定されたリスクを可能な限り最小化しようとすることと同義であることを指摘する[14]。

このような「選択された保護の水準」及び「受け容れられるリスク水準」の決定の規範的・政治的性格及び当局の幅広い裁量を認める見解は，EUだけでない。上記でde Sadeleerが指摘したように，貿易自由化を基本理念とし規制のハーモナイゼーションを推進するWTOの判例も，SPS協定上「適切な保護の水準」を加盟国が各々自律的に決定する権利があることを繰り返し強調してきた[15]。

12　Case C-286/02 *Bellio F.lli Srl v. Prefettura di Treviso* [2004] ECR I-3465.

13　de Sadeleer, *supra* note 1,at 34.

14　Christoforou, T. “The regulation of genetically modified organisms in the European Union: The interplay ofscience, law and politics”, 41 *Common Market Law Review* (2004) at 703.

そもそもSPS協定上「適切な保護の水準」は，「衛生植物検疫措置を制定する当該加盟国が適切と認める（deemed appropriate by the Member establishing a sanitary or phytosanitary measure）保護の水準をいう」（下線は筆者）と定義されている（SPS協定附属書A⑸)。

「適切な保護の水準」の決定に関しては，5条4項に次のように規定されている。

4　加盟国は，衛生植物検疫上の適切な保護の水準を決定する場合には，貿易に対する悪影響を最小限にするという目的を考慮すべきである。

一方で，SPS協定の前文第6パラグラフは，「加盟国が自国の適切な保護の水準を変更することを求められない」と述べている。

WTOの先例は，SPS協定の前文第6パラグラフの「加盟国が自国の適切な保護の水準を変更することを求められない」のステートメントや上記附属書A⑸の定義をふまえ，適切な保護の水準の決定が当該加盟国の専権であって，他国やパネル又は上級委員会から問題にされることはないことを確認してきた。

SPS協定上「適切な保護の水準」がどのような観点で問題になっているかというと，一つは，衛生上の国際基準が存在する場合にはSPS措置を当該国際基準に基づいてとることを要求している3条1項と，国際基準に基づく措置によって達成される水準よりも高い保護の水準をもたらすSPS措置を一定の場合に採用することを認める3条3項との関係の問題である。二つは，加盟国が適切な保護の水準を達成するためSPS措置を定め又は維持する場合には，「当該SPS措置が適切な保護の水準を達成するために必要である以上に貿易制限的でないこと」（つまり必要性原則）を要求する5条6項の問題である。これらの規定との関係において，「適切な保護の水準」を決定する加盟国の権利が論じられている。

このうち，EC・ホルモン牛肉規制事件では，3条1項と3条3項との関係が問題となり，WTOパネルは，3条3項（国際基準に基づく措置によって達成される水準よりも高い保護の水準をもたらすSPS措置を採用することを認める）が3条1項（国際基準が存在する場合にはSPS措置を国際基準に基づいてとることを要求）

15　藤岡典夫『食品安全性をめぐるWTO通商紛争――ホルモン牛肉事件からGMO事件まで』（農山漁村文化協会・2007年）141-142頁。

の「例外」規定であると解釈したのに対し，上級委員会はこの判断を覆し，「3条3項に基づき国際基準におけるのと異なる自国の適切な保護の水準を設定する加盟国の権利は，独立の権利であって，3条1項に基づく一般的な義務からの『例外』ではない」[16]と述べた。

次に，オーストラリア・サーモン検疫事件では，申立国のカナダが豪州のサーモン輸入規制について，「SPS措置が適切な保護の水準を達成するために必要である以上に貿易制限的でないこと」を要求する5条6項違反を問題としたが，WTO上級委員会は「適切な保護の水準の決定は，当該加盟国の専権（prerogative）である」「ゼロリスクに設定することさえ許容される」と判示した[17]。

日本・農産物検疫事件[18]及び日本・リンゴ検疫事件[19]においても，「適切な保護の水準」を決定するのは措置国であってWTO紛争解決機関はそれについて異議を唱えるべきではないと判示した。

EU及びWTOは，自由貿易の促進に重要な価値を置くレジームである。この両者が，環境及び健康に関する保護の水準の決定に加盟国の幅広い裁量を容認しているということは，極めて重要な意味があると考える。

3　保護の水準の裁量と比例原則による統制との関係

1　問題の所在

以上で，保護の水準の決定の性格及び裁量の程度について考察した。次に，本章の本題である環境・健康リスク管理措置への比例原則の適用についての

16　Report of the Appellate Body: EC – Measures Concerning Meat and Meat Products (Hormones), AB-1997-4, WT/DS48/AB/R (16 Jan. 1998), para. 172.

17　Report of the Appellate Body: Australia – Measures Affecting Importation of Salmon, AB-1998-5, WT/DS18/AB/R (20 Oct. 1998), para. 199.

18　Report of the Panel: Japan – Measures Affecting Agricultural Products, WT/DS76/R (27 Oct. 1998), para. 8.81.

19　Report of the Panel: Japan – Measures Affecting the Importation of Apples, Recourse to Article 21.5 of the DSU by the United States, WT/DS245/RW (23 June 2005), para. 8.193.

考察に移る。このテーマは，リスク分析という政策的枠組みと，比例原則という法的な概念をどのように結びつけるかという作業であるということができよう。比例原則は「目的」と「手段」の関係を規律するものであるところ，環境・健康リスク管理における比例原則の適用の場合，「目的」と「手段」に当たるものは各々何であるのかがまず問題となる。欧州委員会のコミュニケーションは，予防原則に基づく措置を含むリスク管理措置に比例原則が適用されるとして，次のようにその内容を明示する。「想定される措置は，適切な保護の水準を達成することを可能とするものでなければならない」，「措置は，望まれる保護の水準と均衡性を欠くものであってはならない」，「リスク低減措置には，同等の保護水準を達成することが可能な，より制限的でない代替案が含まれるべきである」(6.3.1)。つまり，「比例性は，選択される保護水準に措置を合わせる（tailor）ことを意味する」(Summary 及び 6)。この記述から，比例原則は，目的（保護の水準）を統制対象にせず，手段（措置）のみを統制対象にすることになる。その結果，問題の措置が比例原則に適合するかどうかは，保護の水準の高さに依存する。

そうすると，第2節において見てきたような保護の水準に関する幅広い裁量，特にゼロリスクを保護水準に設定することが法的に許されることを考慮すれば，どんな厳格な措置をとっても比例原則違反を問われることがなく，リスク管理措置に対する統制は実質的に効かなくなるのではないかという疑問が生じるかもしれない。保護の水準の決定に係る幅広い裁量が比例原則による措置に対する統制に及ぼす影響をどのように考えるべきか，がここでの問である。

2　比例原則の内容

まず，比例原則の意味あるいは適用状況を確認することから開始する。以下，EU及びWTOにおいて環境・健康保護措置に対する統制原理としての比例原則がどのようなものとして扱われているかを，先行研究を基に整理する。

EUにおける二つの場合の区別

de Sadeleer[20] によれば，EU裁判所において環境・健康保護措置が問題になる場合については，① 共同体機関により実施される措置に関する私人により提起される訴訟（欧州第一審裁判所）と，② 加盟国を相手取って欧州委員会により提起される訴訟（欧州司法裁判所）との区別が重要であり，① のケースにおいては共同体の公益（環境・健康保護）と私的自由（財産権，営業の自由）との衡量が，② のケースにおいては各国の公益（環境・健康保護）と共同体の公益（EC条約第28条[21]の物品の自由移動）との衡量がポイントである。

① のケースの例として，Pfizer事件では，EC条約第230条4文を根拠に，共同体機関の措置について私人が取消訴訟を提起した。同条の取消事由には，「権限の欠如，重大な手続要件の違反，本条約又はその適用に関連する法規の違反」が規定されており，これには，比例原則のような法の一般原則違反が含まれると解されている[22]。Pfizer事件では，家畜飼料への抗生物質の添加を禁止した欧州理事会規則が比例原則に違反するかどうかが大きな争点となり，比例原則違反とはいえないと認定された。

② のEC条約第28条とは，共同体域内の物品の自由移動原則（加盟国による輸入制限の禁止）を規定するものである。30条はその例外規定であり，公共道徳，公共の安全，生命・健康の保護やその他いくつかの目的の場合には，比例原則との整合性を条件に[23]，輸入制限が許されることを規定する。また判例は，30条明記の目的の他，「不可避的要請」（「合理性の理論」ともいわれる。環境保護も含まれると解されている）があれば，やはり比例原則との整合性を条件に輸入規制を許容する[24]。第3章で紹介する2003年9月23日付欧州委員会対デンマー

20　de Sadeleer, N., “The Precautionary Principle as a Device for Greater Environmental Protection: Lessons from EC Courts”, 18 (1) Review of European Community & International Environmental Law (2009) at 6.

21　EC条約第28条と30条は，リスボン条約による改正後のEU機能条約（TFEU）では，それぞれ第34条と第36条。

22　庄司克宏『EU法基礎編』（岩波書店・2003年）87頁。

23　条文上の「貿易の恣意的差別又は偽装制限となってはならない」が比例原則を意味すると解されている。

24　ただし，内外無差別が条件とされる。庄司克宏「EUにおける環境保護と欧州司法裁判所――グリーン・アプローチ」庄司克宏編『EU環境法』（慶應義塾大学出版会・2009年）6頁，中村民雄・須網隆夫編『EU法基本判例集』（第2版）（日本評論社・2007年）179頁〔中西康執筆〕。

ク事件と2004年12月2日付欧州委員会対オランダ事件では，この30条例外で正当化されるかどうか，特に比例原則との整合性状況が大きな争点になり，比例原則違反が認定された。

先行研究の状況

EUにおける環境保護措置等への比例原則の適用について全般的な分析は，Jans,[25] Jacobs,[26] 庄司[27]等の研究がある。

まず先行研究が明らかにしていることを簡潔に整理する。EUにおける比例原則については，一般に「適合性（suitability）」,「必要性（necessity）」及び「狭義の比例性（proportionality *stricto sensu*）」という三つの部分原則があると説明される。[28]

EU共同体機関の採用する措置に対する比例原則の適用については，欧州司法裁判所の司法審査は，当該措置が追求される目的の達成との関連で明白に不適切（inappropriate）であるかどうかを評価することに限定される。[29] この「明白な不適切性」基準は，欧州司法裁判所のFedesa事件判決[30]で示された。[31] 同判決は，まず比例原則の内容について，「比例原則は，共同体法の一般原則の一

25　Jans, J. H., "Proportionality Revisited", 27 (3) *Legal Issues of Economic Integration* (2000) at 239-265.

26　Jacobs, *supra* note 4, at 195-196.

27　庄司・前掲注（24）。

28　庄司・前掲注（24）8頁，上田・前掲注（1）91頁。

29　Jacobs, *supra* note 4, at 195-196.

30　Case C-331/88 *The Queen v Minister of Agriculture, Fisheries and Food and Secretary of State for Health, ex parte: Fedesa and others* [1990] ECR I-4023.

31　この基準については，Fedesa事件判決のほか，欧州司法裁判所のBSE事件判決Case C-180/96 *United Kingdom of Great Britain and Northern Ireland v Commission of the European Communities* [1998] ECR I-2265，欧州第一審裁判所のAlpharma事件判決Case T-70/99 *Alpharma Inc. v Council of the European Union* [2002] II-3495及びPfizer事件判決ほか多くの判決例で採用されている。なお，BSE事件の内容に関しては中村民雄「EU法の最前線　第1回狂牛病事件」関税と貿易（1999年9月）92-95頁を，Pfizer事件判決に関しては赤渕芳宏「予防原則における科学性の要請――Pfizer v. Council事件欧州第一審裁判所判決を素材として」植田和宏・大塚直監修，損害保険ジャパン・損保ジャパン環境財団編『環境リスク管理と予防原則』（有斐閣・2010年）181-208頁参照。

つであり，禁止措置が，問題の法律により追求される正当な目的を達成するために適切及び必要であるという条件に従うこと，並びに，いくつかの適切な措置間の選択が存在する場合には最も負担の小さいものに依拠されなければならない，そして引き起こされる不利益は，追求される目的に不均衡であってはならない」(para.13) と述べた上で，「共通農業政策に関する問題において共同体立法府は，EC条約第40条及び第43条により与えられている政治的責任に対応する裁量を有している。したがって，採択された措置の合法性は，権限ある機関が追求しようとする目的との関係でその措置が明白に不適切である場合に限って影響を受ける」(para. 14) と述べた。このように，共同体機関の措置に関しては，比例原則についての司法審査が敬譲的であるとされている。

他方で，加盟国の措置の場合については，Jansによれば，加盟国の措置に対する比例原則についての裁判所の審査の程度は強い場合もあれば弱い場合もあって事案ごとにさまざまであり，EUの比例原則は一つの形を有せず，柔軟性があるものだという[32]。

Jacobsは，「欧州司法裁判所が国内措置に比例性テストを適用する際の分析の深さ及び一貫性は，ケースによってさまざまであった」こと，また裁判所は，比例性テストの中核をなす必要性テスト（追求される目的を達成する，より制限的でない代替措置がないかどうか）の表明を繰り返すものの，「争われている措置が環境保護目的を有しているときは，そうした措置に有利に評価するように思われる」として，「グリーンアプローチ」を指摘する[33]。

de Sadeleerは，予防原則に基づく措置への比例原則の適用についての説明の中で，Alpharma事件判決及びPfizer事件判決は，比例原則のうち「必要性」のテストが中心的な役割を占めることを示しているとするとともに，EU裁判所の判例においては，利益衡量において健康保護が経済的利益よりも優先するとの原則が確立されたこと等を指摘する[34]。

また，いくつかの文献は，欧州司法裁判所は，上記三つの部分原則を厳密に

32　Jans, *supra* note 25, at 263.
33　Jacobs, *supra* note 4, at 197.
34　de Sadeleer, *supra* note 1, at 36-40.

区別していないと指摘する。[35]

以上のように，比例原則による環境・健康リスク管理措置に対する統制の全般的な現状については，学説上は三つの部分原則の区別が論じられるものの，EUの判例の判断はケースバイケースで一概に言えない状況が指摘されている。膨大なEUの判例を詳細に論じてEUの比例原則の全貌を明らかにするのは，そもそも本書の目的の範囲ではない。本書は，比例原則と三つの部分原則の内容についての先行研究の大方の理解を前提とし，そのような意味での比例原則の内容に，前節で見た保護の水準の幅広い裁量がどのように影響しうるか（可能性）に焦点を絞って検討する。したがって，EUの比例原則の内容を確定して，そこから必ずこうあるべきだと論じるものではない。

3　保護の水準の裁量と比例原則による統制との関係

環境・健康リスク管理措置に係る保護の水準の幅広い裁量が比例原則にどのように影響するかという本書の問題関心について，以上の先行研究のなかで明示的に論じているのは，Jansである。Jansは，加盟国の措置への「狭義の比例性テスト」について次のように指摘する。「『誰が保護の水準を決定するのか』という問題は，比例原則の核心の問題である。保護の水準を決定する加盟国の権限は，国内法をして，利益の更なる衡量を免除する。加盟国が，保護水準を決定する明らかに排他的な権限を有する場合，『狭義の比例性』テストは排除

35　須藤は，マーストリヒト条約以前におけるEU法の比例原則の生成過程の分析から，ドイツ法の比例原則と内容的に同じであるが，これまでの判例では必要性の観点が大きな役割を果たしており，狭義の比例原則について承認しているかどうかについては肯定説と否定説があるという（須藤陽子『比例原則の現代的意義と機能』（法律文化社・2010年）162頁）。また，上田によれば，欧州司法裁判所は，狭義の比例性を補足的に，あるいは必要性と狭義の比例性とを互換的にとらえているように窺われ，多くの場合この3段階の審査を厳密に経ていない，という（上田・前掲注（1））91頁）。また，中村・須網・前掲注（24））179頁〔小場瀬琢磨執筆〕は，欧州司法裁判所による比例原則を，「正当な目的を達成するために規制をすることが合理的であること（目的正当性），目的の達成に必要な範囲での措置であること（必要性），そして目的達成に比例した手段を選択すること（目的・手段の均衡性・比例性）（より貿易制限的でない他の手段がないこと）」と説明する。

される」[36]という。ただ，「適合性」と「必要性」に関しては，他の文献も含め，保護の水準の裁量との関係を論じているものは見あたらないように思われる。

以下，三つの部分原則ごとに考察することとしたい。

適合性原則

欧州委員会のコミュニケーションの表現では，「想定される措置は，適切な保護の水準を達成することを可能とするものでなければならない」が「適合性」に対応すると思われる。Jansによれば，「適合性」（suitability）原則とは，国内措置は，それが保護を要求する利益を保護するために本当に適合的（suitable）でなければならないということ，いわばその措置とその目的の間に因果関係がなければならないということである，と説明される[37]。「適合的」は，「不可欠な」（indispensable）よりも因果関係が厳格でなく，同時に，単に「有益な」（useful）よりも柔軟性の小さいことを意味するように思われるとする。

こうした定義からすると，保護の水準の決定に幅広い裁量があること，あるいは保護の水準を高く設定できることは，適合性原則を緩めるとか，機能しなくするとはいえないと思われる。目的と措置との間に因果関係が認められない場合は，保護の水準がいくら高く設定されていても「適合性」に反することに変わりはないと思われるからである。次章で紹介するように2003年9月23日付欧州委員会対デンマーク事件判決と2004年12月2日付欧州委員会対オランダ事件判決は，保護の水準の決定に幅広い裁量があるとしつつ，争われた措置について比例原則（明示されていないものの，「適合性」）違反を認定したのは，以上の一つの証左といえるだろう。

必要性原則

欧州委員会のコミュニケーションでは，「リスク低減措置には，……同等の保護水準を達成することが可能な，より制限的でない代替案が含まれるべきである」が必要性の原則に対応すると思われる。

Jansによれば，必要性原則とは，その措置が必要でなければならないことを含意し，とりわけ，「より制限的でなく，追求する目的を達成するために適

36　Jans, *supra* note 25, at 249-250.

37　Jans, *supra* note 25, at 240-243.

切で利用可能な代替措置」が存在してはいけないことを意味する。これは「より制限的でない代替措置」の規準で知られる[38]。Jansは，特に必要性原則の「より制限的でない代替措置」の規準を適用する際に重要なこととして，「問題になっている措置」と「より制限的でない代替措置」との比較において双方の措置は問題の利益を等しく効果的に保護するということが想定されなければならないことを挙げる。このことは，第一に，その利益を保護する上で適合的（suitable）ではない代替措置の存在は関連がないということ，第二に，他の加盟国が「より制限的でない」措置を採用しているという事実だけでは，必ずしも，ある加盟国の「より制限的な措置」が比例的でないということに帰結するとは限らないということを含意する。この場合，他の加盟国において提供される保護の水準は，追求される保護の水準より低いかもしれないからである[39]，とする。

代替措置の候補が「より制限的でない」といえたとしても，それが選択された保護の水準を達成するものでなければ，必要性原則違反を導かない。選択された保護の水準が高ければ高いほど，「より制限的でない代替措置」の規準のハードルは高くなるだろう。以上のような必要性原則の内容からみて，保護の水準の決定についての幅広い裁量は，必要性原則の厳格な適用を緩和すると考えられる。

必要性原則を含む比例原則に関するEU裁判所の判例がケースによりさまざまで一概にいえないことは先述のとおりであるとはいえ，Jacobsは，「それにもかかわらず，欧州司法裁判所は，環境保護措置によって引き起こされる貿易への影響がたとえ大きいものであっても，そうした措置が真に環境保護目的を追求するものであり，かつその目的を達成するために効果的な措置であることが証明されている場合には，それを受け容れる用意があるように思われる」とも述べている[40]。この記述は保護の水準について言及していないが，保護の水準の幅広い裁量が必要性原則の厳格な適用を緩和することを意味しているとも思

38　*Id.*

39　*Id.*, at 247.

40　Jacobs, *supra* note 4, at 197.

われる。

実際，Pfizer事件判決は，争われている措置が必要性原則に反しないと判断するに当たり，「受け容れられるリスクの水準」の決定の裁量を理由の一つに挙げた。Pfizer事件において「より制限的でない代替措置」をとる義務（つまり必要性原則）に関連して，原告Pfizer社は，共同体機関がバージニアマイシンの成長促進剤としての使用を禁止するのではなく，さまざまな進行中の研究の結果を待つべきであったこと，米国及びオーストラリアの当局が使用禁止ではなく，関連する証拠を集めるために1999年と2000年にそれぞれ詳細な研究を開始することを決定したことを主張した。これに対して，判決は，「米国及びオーストラリアの当局が，措置の前に，より完全な研究を実施することを決定したという事実は，それ自体では，争われている規則の適法性に疑問を生じさせない。第一に，ある当局が共同体機関によりとられたアプローチとは異なるアプローチを採用したという事実は，共同体機関の措置が比例的でないことを証明しない。第二に，理事会が正しく指摘したように，リスク管理は，必然的に政治的選択を伴うものであり，それは，受け容れられると考えられるリスクの閾値に従って社会によってさまざまでありうる。」（para. 448）と述べ，原告が「より制限的でない代替措置」をとる義務に違反したことを証明しなかったと判示した。

より分かりやすい事例として，比例原則（必要性原則）が問題になったWTOの事例がある[41]。日本が農産物8品目（リンゴ，ナシ，スモモ等）についてコドリンガという害虫の検疫のためにとっていた品種別試験という厳しい措置[42]を米国がWTOに訴えた日本・農産物検疫事件において，米国は「品目別試験という，より貿易制限的でない代替措置がある」という理由で品種別試験がSPS協定5

41　EC条約とWTO協定は，生命・健康保護目的での輸入制限のルールに共通点がある。WTOにおいても，加盟国の輸入制限は原則禁止ながらも，生命・健康保護目的の措置（SPS措置）は一定条件下で許容される。その条件の一つとして，「SPS措置は，適切な保護の水準を達成するために必要である以上に貿易制限的でないこと」（SPS協定5条6項）と，必要性原則が明文で規定されている。

42　品種別試験は，同じ品目（例えば，リンゴ）でもさらに品種別（例えば，ゴールデンデリシャス，フジ）に試験を義務付ける。

条6項（必要性原則）違反であると主張した。これに対し，WTOパネルは，まず日本の選択した保護の水準（品種別試験が達成する水準）についてWTOは干渉しないことを宣言し，次に米国提案の品目別試験では，日本が選択したのと同じ保護の水準を達成するとは十分な確実性をもって言えないと述べ，米国提案の品目別試験を5条6項違反成立のための代替措置とは認定しなかった[43]。この事例は，保護の水準の高さ及びその裁量が，必要性原則の判断にとって決定的な意味を有していることを示している。

とはいえ，保護の水準の裁量が広いことのゆえに必要性原則が完全に統制力を失うかと言えば，そのようなことにはならず，必要性原則は，上記適合性原則と同様に措置に対する統制力を一定程度保持すると思われる。なぜならば，もし同等の保護の水準を達成する「より制限的でない」代替措置が存在すれば必要性原則違反になるからである。このことを裏付ける事例として，二つ挙げる。

まず欧州司法裁判所の欧州委員会対オーストリア事件（「高速道規制事件」2005年）である。この事件は，オーストリアのチロル州が環境保護（二酸化窒素の削減）を理由に南ドイツと北イタリアを結ぶ幹線高速道の一定区間について廃棄物輸送の大型トラックの通行を禁止する措置をとった事案である[44]。欧州司法裁判所は，① 当該禁止はEC条約28条（数量制限の禁止）に違反する。② ただ，環境保護という公益のための不可避的要請により正当化することは可能である。③ しかし，全面通行禁止というラジカルな措置をとる前に，より制限的でない代替措置の可能性を検討する義務がオーストリア当局にあったのにもかかわらず，それを果たしていない。④ したがって，比例原則に反する，として正当化を認めなかった。この判決は，「措置によって追求される保護の水準は問題にせず，オーストリア当局が代替措置を検討しなかったことを問題

43　日本・農産物検疫事件パネル報告 para. 8.80-84.　もっとも，WTOパネルは，別に専門家が提案した「吸着水準の試験」という代替措置が日本の適切な保護の水準を達成しうると認め，結論的には5条6項違反を認定した。しかし，日本の上訴を受けたWTO上級委員会は，米国が主張・立証責任を果たしていないとして，パネルの5条6項違反認定を破棄した。

44　Case C-320/03, *Commission of the European Communities v. Republic of Austria,* [2005] ECR I-9871.　庄司・前掲注（24）16-18頁参照。

にした」と評される[45]。このことは，保護の水準の幅広い裁量にもかかわらず，措置への必要性原則による統制が機能しうることを示しているといえるのではなかろうか[46]。

次にWTOの事例であるが，日本・リンゴ検疫事件では，やはりSPS協定5条6項（必要性原則）が問題になった。日本は，火傷病感染のリスクを理由に米国産リンゴをほとんど全面的に輸入禁止（厳しい検疫条件をクリアしたもののみ禁止解除）していたのを，米国が「成熟した病徴のないリンゴのみ輸入」という「より制限的でない代替措置」があるとして，SPS協定5条6項違反であると主張した。WTOパネルは，① このケースで「適切な保護の水準」を決定するのは日本であり，② それが輸入禁止に等しい水準に設定されていることを認め，その水準自体にWTOや他国が異議を申し立てる権利はないとしつつも，③ 米国提案の「成熟した病徴のないリンゴのみ輸入」という「より制限的でない代替措置」は日本の設定した「適切な保護の水準」を達成しうるとして，SPS協定5条6項違反を認定した[47]。

以上のような意味で，必要性原則は，保護の水準の幅広い裁量によってある程度は弾力化するものの，一定の統制力は保持するといえる。

狭義の比例性

欧州委員会のコミュニケーションでは，「予防原則に基づく措置は，望まれる保護の水準と均衡性を欠くものであってはならない」と述べている部分が，「狭義の比例性」に相当する。このことは，所与である目的＝保護の水準に照らして，手段たる予防的措置が比例的かどうかだけが問題となることを言っている。したがって，保護の水準の幅広い裁量は，「狭義の比例性」の司法審査を実質的に機能しなくするだろうと思われる。この点は，先にJansの指摘を

45　Jacobs, *supra* note 4, at 198-199.

46　ただし前述のように，EU裁判所の比例原則に関する判断はケースによりさまざまであって，必要性原則を常に厳格に適用しているわけでない。庄司・前掲注（24）18頁は，欧州司法裁判所のEC条約28条（TFEU34条）に関して環境保護措置への比例原則の適用は，オーストリア高速道規制事件を除き消極的な傾向が見られる，としている。

47　日本・リンゴ検疫事件遵守パネル報告 paras. 8.193-196.

紹介したところである。

また，WTOのSPS協定には，前述のように「必要性」原則を内容とする規定がある一方で，「狭義の比例性」又は費用便益分析を内容とする規定はないということは，以上の理解と整合的である。

保護の水準の決定それ自体が，第1章及び本章で見たようにさまざまな利益衡量・価値衡量を経て行われる政治的な決定である。そうした衡量は，環境・健康保護対経済的利益の場合もあれば，環境対環境，健康対健康という利益衡量もある。その決定について幅広い裁量を許容しているということは，「狭義の比例性」の審査を極めて緩いものにするのは必然であるといえる。

4　保護の水準が明示的に定められていない場合の比例原則の適用

上で述べてきたように，環境・健康リスク規制に対する比例原則の審査は，所与の保護の水準に照らして行うことになる。しかし，現実の政策において，保護の水準が明示的に定められていることは多くはない。そのような場合に，比例原則の適用はどのようにして行うのか，あるいは比例原則整合性の司法審査は，どのようにして行うのか，という疑問が生じる。

この問題について参考になるのが，WTOのオーストラリア・サーモン検疫事件である。オーストラリアは，オーストラリアのサーモンの健康を保護するため，ある種の病原体の感染のおそれがあることを理由に加熱処理されていない北米太平洋産サーモンの輸入を禁止した。カナダは，オーストラリアの措置が，その保護の水準を達成するために必要である以上に貿易制限的であり，SPS協定5条6項に違反するとして，WTO紛争解決手続きの申立てを行った。上級委員会は，つぎのように判示した[48]。適切な保護水準の決定は加盟国の「専権」（prerogative）である（para. 199）。加盟国は自らの適切な保護水準を決定する「黙示的な義務」があり，もし加盟国がその保護水準を決定していない場合は，その措置が実際に適用される水準に基づきWTOパネルによって設定されることができる（para. 206）。さもなければ，適切な保護の水準を十

48　オーストラリア・サーモン検疫事件上級委員会報告 paras. 198-207。

分な正確性をもって決定する黙示的な義務の不履行が，この協定に基づくその義務（特に5条5項と5条6項に基づく義務）からの逸脱を許容することになるであろう（para. 207）。オーストラリアの「適切な保護水準」は，リスクを「非常に低い水準に」減少させることを目的とした「高い」又は「非常に保護的な」水準である。ただし，この水準は，争点の措置の中に実際に反映されている水準（これは事実上「ゼロリスク」水準である）と同じほどには高くはない。つまり，オーストラリアの「適切な保護水準」は，「高い」又は「非常に保護的な」水準であるが，「ゼロリスク」と同じではない（paras. 206-207）。

上級委員会は，「適切な保護の水準」と「SPS措置」との関係について，次のような興味深い判示も行っている。加盟国によって制定される「適切な保護の水準」と，「SPS措置」とは，明確に区別されなければならない。前者は目的であり，後者はその目的を達成し又は実施するために選ばれた手段である。加盟国による「適切な保護の水準」の決定は，あるSPS措置の設定又は維持に関する決定に論理的に先行する（para. 200-201）。適切な保護の水準が，導入又は維持されるSPS措置を決定するのであって，SPS措置が適切な保護の水準を決定するのではない（para. 203）。

このように上級委員会は，SPS協定が加盟国に課している5条5項（一貫性の原則）と5条6項（比例原則のうち必要性原則）に基づく義務の履行を確保するため，加盟国には自らの適切な保護水準を決定する「黙示的な義務」があるという。

法の一般原則としての比例原則の適用の場合と，明示的に保護の水準の決定について規定しているSPS協定の比例原則の適用の場合とは事情が異なるとはいえようが，立法府や行政府は，リスク規制を立案するに当たっては，可能な限り適切な保護の水準を透明性を持って決定することによって，具体的な措置の適切な決定がより可能になるであろう。

4 小　括

本章においては，環境・健康リスク管理における「（選択される）（適切な）

保護の水準」の決定と，それに基づく措置の決定の両面において，法による統制の方法あるいは程度について，この議論が行われているEU及びWTOの文献・判例を主に参照しながら分析した。

第一に，第1章で見たように保護の水準の決定について政策論として唱えられているいくつかの規準や類型では，費用対効果や費用便益分析を含む社会的，経済的な諸要因を考慮して行うとされており，したがって，選択された保護の水準は，さまざまな利害の調整や衡量を反映したものである。そのような実態からしても，そのリスクが課される社会に決定権があるべきであること，科学者や専門家が決定するものでなく政治が決定することであること，その結果当局に幅広い裁量があり，司法審査は敬譲的であるべきこと等といったEUにおける保護の水準の性格や決定方法に関する議論や理解は，妥当なものといえよう。また，このような「選択された保護の水準」等の決定の規範的・政治的性格及び当局の幅広い裁量を認める見解は，EUだけでなく，世界の自由貿易の推進役であるWTOにおいても，「適切な保護の水準」の決定が加盟国の専権であり，他国やWTOパネルがその水準の高さ自体を問題とする権利はないことは確立された先例となっている。またいずれにおいても，ゼロリスクの追求でさえ許容されるという。保護の水準の高さ自体を縛る法的な制約は極めて乏しい。EU及びWTOという自由貿易の促進に重要な価値を置くレジームが，環境及び健康に関する保護の水準の決定に加盟国の幅広い裁量を容認しているということは重要である。

第二に，そうした保護の水準を達成するために選択される措置は，比例原則の適用を受けることになる。環境・健康リスク管理措置に対して比例原則の適用を考える場合に，「適切な保護の水準」は決定的に重要な意味を有する。実際，EU及びWTOのいくつかの判決例をみても，争われる環境・健康リスク管理措置の比例原則遵守状況の判断に当たり，「適切な保護の水準」がどのように設定されているかを考察し，また「適切な保護の水準」の決定に係る関係当局の幅広い裁量を考慮に入れている。比例原則は「目的」と「手段」の関係を規律するものであるが，欧州委員会のコミュニケーションが「比例性は，選択される保護水準に措置を合わせる（tailor）ことを意味する」というように，環境・

健康リスク管理措置への比例原則の適用とは,「選択される保護の水準」(目的)に「措置」(手段) を合わせることであり, 保護の水準が所与になっている。

そうすると, 上で見てきたような保護の水準に関する幅広い裁量, 特にゼロリスクを保護水準に設定することが法的に許されることを考慮すれば, どんな厳格な措置をとっても比例原則違反を問われることがなく, リスク管理措置に対する法的統制は実質的に効かなくなるのではないかという疑問が生じるかもしれない。この問題についてどのように考えるべきか検討した。

EUにおける比例原則全般についてはいくつかの先行研究があり, 一般に「適合性」,「必要性」及び「狭義の比例性」という三つの部分原則があること, 欧州司法裁判所の比例原則に関する判断は事案ごとにさまざまで, 一つの形を有しないこと等が分析されている。保護の水準との関係については, ある先行研究が, 保護の水準の決定の幅広い裁量は「狭義の比例性」の司法審査を排除するだろうと指摘する。これら先行研究を踏まえながら, 比例原則を構成する三つの部分原則ごとに検討した。結論としては, 上記のような環境・健康の保護の水準の決定にかかる幅広い裁量は, 比例原則による環境・健康リスク管理措置に対する統制を緩やかにし, 立法府等措置決定権者の裁量を大いに広げることは間違いないが, ただ, その広がり方には三つの部分原則ごとに相違が生じる。「適合性」には影響せず,「必要性」は部分的に弾力化するが統制力を保持すると考えることは可能である。「狭義の比例性」は極めて弾力化すると思われる。

第3章 予防原則に基づく措置に対する比例原則による統制

1 本章の課題

前章（第2章）では，EU及びWTOにおける議論や判例から，予防原則の適用の有無とは離れて環境・健康リスク管理措置一般について，保護の水準の決定と，それを達成するために採用される措置をめぐる法律関係について検討した。保護の水準の決定については，当局に幅広い裁量があり，司法審査は敬譲的であるべきとされており，ゼロリスクの追求でさえ許容され，保護の水準の高さ自体を縛る法的な制約は極めて乏しい。一方その保護の水準を達成するための措置に関しては，比例原則（適合性，必要性，狭義の比例性）の適用を受けるが，保護の水準にかかる幅広い裁量が措置の選択に対する比例原則による統制を緩やかにする（特に「狭義の比例性」の統制は極めて緩やかになる）こと，並びに適合性原則と必要性原則は，保護の水準の幅広い裁量にかかわらず選択される措置を統制する機能を果たすと考えることが可能であることを述べた。

本章では，予防原則の適用される場合においては，比例原則による措置の統制のあり方についての以上の結論がどう影響されるかを明らかにし，もって予防原則に基づく措置に対する比例原則による統制の問題を総括する。まず，予防原則が保護の水準の決定のあり方に影響するのかどうかについて考え，次に，本論である比例原則による措置の統制への予防原則の影響について検討する。

2　予防原則と保護の水準の関係

1　予防原則が適用される場合のリスク管理手法についての議論

予防原則が保護の水準の決定のあり方に影響するのかどうかについて検討する前に，そもそも保護の水準を決定してリスク管理措置をとるというリスク管理の一般的なアプローチが，予防原則の適用される場合にも妥当するのかどうかを確認しておく必要があろう。

「はじめに」で述べたように，リスク管理の一般的なアプローチは，保護の水準（「受け容れられるリスクの水準」）の選択について社会が合意し，当該リスクをその水準以下に抑えるために十分な措置を実施するというものである。このアプローチは，予防原則の適用される場合も妥当するというのが，国際法上の予防原則及びEUのそれにおいて一般的な理解である。欧州委員会のコミュニケーションも，同様の考え方と考えられる。

ただ，こうした理解に関しては議論がある。

Schombergは，リスクベースの規制（定義されたリスクという伝統的状況に適用される）と予防原則に基づく不確実性ベースの規制とを区別することを提案する。この提案によれば，伝統的なリスクベースの規制においては「受け容れられるリスクの基準」が適用されるが，予防原則に基づく不確実性ベースの規制では固定された基準ではなく，「変形可能な（熟慮ベースの）受け容れられる不確実性の基準」が適用される。この規範的基準は，EU条約に規定されている「高い保護水準の目的」を反映するし反映すべきである。「高い」と考えられることは，時により変化するし，社会経済状況に関連する。変形可能な基準は，それぞれのケースに関して，さまざまな結果の可能性を伴って適用される必要がある[1]，という。ただ，このSchombergの意見は，従来の考え方と根本

1　Schomberg, R. von., “The precautionary principle and its normative challenges”, in Elizabeth Fisher, Judith Jones and René von Schomberg (eds.), *Implementing the Precautionary Principle: Perspectives andProspects* (Edward Elgar, 2006). 17, at 34-36.

的に異なるものではないように思われる。

次に紹介するのは，予防原則が適用される場合には上記のような一般的なリスク管理手法は適当でないという，根本的に異なる主張である。

Ticknerは，予防原則は，問題の枠組みを，受け容れられるリスク水準の選択から，「どれだけ多くの損害が避けることができるか」に組み替えると主張する。科学者及び意思決定者に対して，次のように活動及び潜在的危害について異なった質問を尋ねるよう義務付けるという。すなわち，従来の意思決定のアプローチは，「どのくらい安全なら安全か」「リスクのどの水準が受け容れられるか」そして「人間又は生態系は，何らかの明白な悪影響を示すことなく，どれだけの汚染を消化することができるか」のような質問を尋ねる。他方，予防原則は，「どれだけの汚染を避けることができるか」「どのような措置が被害を減少させ，又は除去するために実行できるか」そして「我々はそもそもこの活動を必要とするか」のような質問を尋ねる[2]，という。

また，van der Sluijs & Turkenburgは，「受け容れられるリスクの水準」を用いるリスク管理の伝統的なアプローチは，予防原則の適用下では次のような理由から適当でないという。第一に，人々がリスクを受け容れられると考えるか否かの程度は，その損害の規模及びその損害が発生する蓋然性にのみならず，知られていない恐ろしいリスクかどうかや，自発的リスクか否かというような局面にも依存する。第二に，リスクに対する態度は人によって，そして文化によってさまざまである。第三に，予防原則が適用されるような科学的不確実性の場合，そのような水準を明確に定めることには困難を伴う。以上の理由から，リスク管理の伝統的なアプローチは適当ではなく，気候変動問題についていえば，気温の上昇の安全性水準を評価することは困難であるので，問題の焦点を，安全性水準の評価から，可能な限りの温室効果ガスの排出を削減することへ移行させるべきだった。しかしながら，気候変動に関する国際連合枠組条約は，保護の水準について合意することを追求することを第2条において規定するこ

2　Tickner, J. A., "A Map Toward Precautionary Decision Making" in C. Raffensperger and J. A. Tickner (eds.), *Protecting Public Health & the Environment: Implementing the Precautionary Principle* (Island Press, 1999) at 162.

とによって，伝統的なリスク管理アプローチを採用したのであるとする[3]。同条は，次のように規定されている。

第2条（目的）

この条約及び締約国会議が採択する関連する法的文書は，この条約の関連規定に従い，気候系に対して危険な人為的干渉を及ぼすこととならない水準において大気中の温室効果ガスの濃度を安定化させることを究極的な目的とする。そのような水準は，生態系が気候変動に自然に適合し，食糧の生産が脅かされず，かつ，経済開発が持続可能な態様で進行することができるような期間内に達成されるべきである。

以上のような意見もあるが，本書は，国際法やEU法における予防原則に関して欧州委員会をはじめ多数の論者が採用しているように，予防原則に基づく措置の場合にもリスク分析の枠組みに基づいてリスク管理の一般的なアプローチが適用されるとの考え方に立って議論を進める。

2　予防原則の適用の「保護の水準の決定」への影響

それでは，予防原則と「保護の水準の決定」との関係，具体的には予防原則の適用は，保護の水準の高さ，又は保護の水準の決定のあり方に影響するのかどうか（例えば予防原則の適用のない場合と比べて保護の水準をより高く設定しなければならないのか），の問題に移る。

松村弓彦氏は，予防原則を「環境管理水準・リスク管理水準の決定に関する行動原則である」と性格づけ，予防原則は「国家の環境管理水準をリスクの最小化に誘導する」とする[4]。松村氏の「環境管理水準・リスク管理水準」は，本書でいう「保護の水準」等に相当するものと思われる。

この意見は予防原則の内容の理解が本書と異なっていることから来ると思わ

3　van der Sluijs, J. and Wim Turkenburg, “Climate Change and the Precautionary Principle”, in Elizabeth Fisher, Judith Jones and René von Schomberg (eds.), *Implementing the Precautionary Principle: Perspectives and Prospects* (Edward Elgar, 2006) at 254-256.

4　松村弓彦「予防原則」新美育文・松村弓彦・大塚直編『環境法体系』（商事法務・2012年）187頁。

れる。国際法やEU法で一般的な考え方に基づき，「科学的不確実性」を予防原則の本質的要素ととらえる本書の立場では，次の理由から，保護の水準は予防原則の適用とは独立的に決定されると考える。

① 環境・健康リスクに関しては管理目標水準たる保護の水準を高く（つまり「受け容れられるリスクの水準」を低く）すべきであるということは，科学的不確実性の有無にかかわらず妥当するものであることから，予防原則から導かれるものではない。

② 「国家の環境管理水準をリスクの最小化に誘導する」というのは，EC条約の掲げる「高水準の保護の原則」に近い考え方であると思われるが，EC条約の規定は，環境政策については，「共同体の環境政策は共同体の地域ごとの状況の多様性の差違を考慮しつつ，高い水準の保護を目的とするものとする。かかる政策は，予防原則，並びに，防止的行動がとられること，環境損害は発生源にて優先的に是正されるべきこと，及び汚染者が支払うべきであることとの諸原則に基づくものとする」（EC条約174条2項，EU機能条約（TFEU）191条2項）というように規定されており，予防原則に基づくものという書き方ではない。また健康保護政策に関しては，「高水準の人間の健康の保護が，すべての共同体政策及び活動の決定と履行において確保されなければならない」（EC条約152条1項，TFEU168条1項）とあるのみで，ここには予防原則への言及はない（下線は，筆者）。

欧州委員会のコミュニケーションによれば，予防原則は，「科学的証拠が不十分か，決定的でないか，又は不確実である場合で，環境，人，動物又は植物の健康への潜在的に危険な影響が，選択された保護の水準に合致しない可能性があるという懸念に合理的な理由があることを，暫定的な客観的科学的評価が示している場合」（para. 3）（下線は，筆者）に適用されるという。このことは，欧州委員会は，予防原則の適用が「選択された保護の水準」を導くのではなく，保護の水準の決定が予防原則の適用に先行して独立的に決定される，と考えていることを意味する。なお，この欧州委員会の考え方については，第6章において詳しく検討する。

Schombergも「すべての国家は，国際条約に基づき，自らの保護水準を決定する主権的権利を有する。予防原則を伴うか伴わないかにせよ，国家は，このようにして，それらが適切であると見なすそのような一般的な保護水準を決定することができる。予防原則を実施していることは，何らかの新しい基準設定を含意しないし，それ故，例えば厳格な（又は，より厳格な）環境又は健康の基準の適用を含意しない。保護水準の選択は，採用されるべき健康と環境の現実の基準を決定する。この規範的及び政治的選択は，すべての政策の中で適用されなければならないだろうし，そして，予防原則の発動から独立的である」と述べている[5]。

「予防原則の適用」と「保護の水準の選択」とが互いに独立的であるとはいっても，そのことは，両者が無関係に存在することを意味しない。というのは，リスク管理（科学的不確実性の有無にかかわらず）の基本的考え方は，第1章，第2章において述べてきたとおり，問題となっているリスクを選択された保護の水準まで引き下げるために必要な措置をとることである。リスク管理を発動するのは，評価されたリスクが選択された保護の水準に合致しない場合である。評価された当該リスク（科学的不確実性のもとでは潜在的リスクの懸念）が選択された保護の水準に照らして問題がない場合には，リスク管理措置をとる必要はない。そうすると，例えば，高曝露の領域においてはリスクに確実性があるものの，低曝露の領域においてリスクの有無や程度に科学的不確実性があるという場合，選択された保護の水準次第で，科学的確実性の範囲での対策（予防原則による正当化が不要な措置，つまり未然防止原則に基づく措置）となるか，それとも科学的不確実性の領域まで踏み込んだ対策（予防原則による正当化が必要となる措置，つまり予防原則に基づく措置）となるかが分かれてくる場合があるだろう。この場合，「選択される保護の水準」をある程度以上に高く設定しなければ，予防原則の適用は問題となってこない。また，別の言い方をすれば，このような場合には，予防原則の適用があるからこそ，「選択される保護の水準」を高く設定することに意味が出てくるのである。

5　Schomberg, *supra* note 1, at 34-36.

3　予防原則と比例原則の関係

1　分析の視点

本節以降は，本章の主要課題，つまり第2章で明らかにした比例原則による措置の統制のあり方（特に保護の水準の幅広い裁量の結果としての比例原則による統制の姿）が予防原則の適用によってどう影響されるかを考察し，もって予防原則に基づく措置に対する比例原則による統制について総括する

予防原則は，その適用が行政府や立法府の裁量を広げることにつながることから，裁量統制の原則の一つとして機能する比例原則との間には緊張関係が存在する。両者の関係について，欧州委員会のコミュニケーションは，比例原則を含む一般原則が予防原則に基づく措置を含むあらゆるリスク管理措置に適用されるとする（para. 6.3)。しかしながら，予防原則に基づく措置に比例原則を厳密に適用することは，科学的不確実性の存在から通常とは異なる配慮が必要である[6]。

予防原則と比例原則との関係の検討に当たり，欧州司法裁判所の判例の分析が必要となる。ただし，この分析には，EU共同体機関の措置とEU加盟国の措置という二つの場合の区別を意識する必要がある。

欧州司法裁判所は，EU共同体機関の措置に関しては，第2章第3節第2項で述べたように，措置に対する比例性の司法審査は当該措置が追求される目的の達成との関連で明白に不適切であるかどうかを評価することに限定されると繰り返し判示している。さらに予防原則のもとでは共同体機関は健康保護措置の採用に関して広範な裁量を享受するとしている。この結果として欧州共同体機関の予防的措置に関して比例原則による統制が極めて緩やかになっている状況には，措置の適切さの担保という面から問題があるという指摘が先行研究によってなされている[7]。

他方，EUの加盟国による予防的措置の場合は，状況がかなり異なる。

6　大塚直「予防原則の法的課題」植田和宏・大塚直監修，損害保険ジャパン・損保ジャパン環境財団編『環境リスク管理と予防原則』（有斐閣・2010年）307-308頁。

Doumaは，欧州司法裁判所は，特に農業分野及び環境保護分野関係の共同体措置についての審査を，追求される目的との関係で明白に不適切かどうかに限定し，共同体に幅広い裁量を認めてきた一方で，加盟国レベルで採択された予防的措置が関係する場合は審査がより厳格であると指摘し，加盟国レベルの措置についての判例として1983年7月14日付Sandoz事件判決[8]を引用する[9]。またde Sadeleerは，Doumaの上記箇所を引用しつつ，「共同体裁判所により行われる審査の強さはさまざまであるということに留意することが重要である。共同体機関により実施される措置に関する私人により提起される訴訟と，加盟国を相手取って欧州委員会により提起される訴訟を区別する必要がある。……加盟国の予防的措置の場合に，欧州司法裁判所は，それらの措置が域内市場の機能を危険にさらす場合には予防原則をより厳格に適用しているように思われる[10]」と指摘する。

以下では，まずEU加盟国が科学的不確実性下で予防原則を根拠に採用した健康保護目的の措置について比例原則違反を認定した欧州司法裁判所の二つの判決例を概観し，共同体機関の措置に対する審査とEU加盟国の措置に対する

7　赤渕芳宏「学習院大学大学院法学研究科法学論集12　欧州における予防原則の具体的適用に関する一考察――いわゆるRoHS 指令をめぐって」(2005年) 382頁は，Alpharma事件判決等を紹介しながら，現状では予防原則に基づく措置への司法による統制が効果的に機能する可能性は高くない，と問題点を指摘する。増沢陽子「EU環境規制と予防原則」庄司克宏編著『EU 環境法』(慶應義塾大学出版会・2009 年) 170-171頁参照。

8　Case 174/82 *Sandoz BV* [1983] ECR 2445. 同判決は，事前の承認を受けなければビタミン添加食品（別の加盟国においては適法に販売されている）の販売を禁止する加盟国の措置は，ビタミンの添加が現実の必要性を満たす場合に販売が承認されることを条件に許容される（すなわち比例性に適合する）とした。

9　Douma, W. T., “Comments on the Commission’s Communication on the Precautionary Principle”, in *The Role of Precaution in Chemicals Policy* (Vienna School of International Studies, 2001), at 107.

10　de Sadeleer, N., “The Precautionary Principle in European Community Health and Environmental Law: Sword or Shield for the Nordic Countries?” in N. de Sadeleer (ed.), *Implementing the Precautionary Principle: Approaches from the Nordic Countries, EU and USA* (Earthscan, 2007), at 6.

審査の相違を考察する。上に挙げたde Sadeleer及びDoumaの文献においては，裁判所の審査がどのような意味で「より厳格」であるということなのか，必ずしも明確に述べられてはいない。「厳格」とは，比例性の審査が厳格ということなのか，あるいは予防原則の適用を厳格にすることなのであろうか等の疑問について考える。その上で，予防原則が比例原則による措置の統制に対してどのように影響するか，という本章の課題について考察する。

2　デンマーク事件判決及びオランダ事件判決

Rogersによれば，科学的不確実性に直面する場合における予防的リスク管理措置についての比例原則の適用をめぐるEUの最初の重要判決例は，欧州司法裁判所の前掲Sandoz事件判決であり，さらに2003年9月23日付欧州委員会対デンマーク事件判決[11]（以下本章において「デンマーク事件判決」という）と2004年12月2日付欧州委員会対オランダ事件判決[12]（以下本章において「オランダ事件判決」という）がこの問題に関係するという[13]。このRogersの示唆に従い，デンマーク事件判決及びオランダ事件判決を中心に検討する。

これらの判決についての先行文献を見ると，Rogersは，デンマーク事件判決について「欧州司法裁判所は，特に予防原則の根底にある科学的不確実性が潜在的な危険に関連して加盟国の慎重なアプローチを正当化しうるということを強調した。しかしながら，とられる措置は望まれる目的に比例的でなければならない。この観点から，欧州司法裁判所は，デンマーク政府によるビタミンとミネラルが添加された食品すべての販売の禁止は比例性に反すると認定した」と概略を述べるとともに，欧州司法裁判所が，これに引き続くオランダ事件判決において同様の判断を行ったことから，「欧州裁判所は，欧州委員会のコミュニケーションに記述されている予防的措置のための比例性の基準を司法判断に適す（justiciable）と考えている[14]」と評する。また，de Sadeleerは，「予

11　Case C-192/01 *Commission v. Denmark* [2003] ECR I-9693.

12　Case C-41/02 *Commission v. Netherlands*, [2004] ECR I-11375.

13　Rogers, M. D., "Risk management and the record of the precautionary principle in EU caselaw", 14 (4) *Journal of Risk Research* (2011) at 475.

防原則は，技術的必要性の欠如ゆえにテクノロジーの禁止が必要であるという理由で制定された規制措置を正当化することはできない。欧州委員会対デンマーク事件判決において，欧州司法裁判所は，加盟国の住民にとって栄養的必要性が欠如しているとの基準だけでは，他の加盟国において適法に製造され販売されている食品の販売の完全な禁止をEC条約30条に基づき正当化することはできないことを理由として，デンマークの禁止措置を比例性に反するとした」[15]と紹介する。ともに簡単な紹介にとどまっており，以下，両事件判決の内容を詳細に見ていくこととする。

デンマーク事件判決

(ア)　事件の経緯と訴訟前手続

デンマークでは「1998年7月1日の食品に関する法律第471号」の第15条1項に基づき，食料大臣により承認された物質のみが，食品添加物として用いられ，又は販売されることが可能である（para. 5)。ビタミン及びミネラル等の添加に関しては，デンマークの住民の大部分にとって当該栄養素の摂取が不十分な状況を改善するために必要がある場合にのみ承認されるという行政実務が行われていた（para. 11)。これは事実上，そのような添加物を含む食品すべての輸入を禁止するものであった[16]。

このようなデンマークの行政実務は，他の加盟国では適法に流通している食品の流通への障害でありEC条約第28条及び第30条に照らして問題であるとする申立てが，1998年に欧州委員会に対して行われた（para. 12)。これを受けて1999年11月4日，欧州委員会はデンマークに対して公式の通知を送付し，そのなかで，「デンマークの住民における栄養的な必要性が存在しない限りビタミンやミネラルのような栄養素が添加された食品の販売を禁止する」というデンマーク当局による行政実務は，EC条約28条及び第30条に照らして不当な貿易障壁を構成するという事実を指摘した（para. 13)。

EC条約第28条及び第30条については，すでに第2章で述べたところであるが，

14　*Id*.

15　de Sadeleer, *supra* note 10, at 41.

16　Rogers, *supra* note 13, at 475.

ここで振り返っておこう。第28条は,「輸入に対する数量制限及びこれと同等の効果を有するすべての措置は，加盟国の間で禁止される」と規定する。第30条は，その適用除外を受けられる場合があることを定め,「第28条……の規定は，公共道徳，公の秩序，公共の安全，人畜の健康及び生命の保護，……から正当化される輸入……に関する制限を妨げるものではない。ただし，このような禁止又は制限は，加盟国間の貿易における恣意的な差別の手段又は偽装された制限となるものであってはならない」と規定している。

欧州委員会からの上記通知に対し，デンマークの当局は，1999年12月22日に自らの措置を問題なしと回答した（para. 14)。これに対し，欧州委員会は2000年9月12日に，デンマークに対して，2カ月以内に条約第28条及び第30条に基づく義務を遵守するよう要請する reasoned opinion（理由を付した意見）を送付した（para. 15)。デンマークはこれに対して，2000年11月6日に反論文書を出して次のように主張した。Sandoz事件判決によれば，ビタミン添加食品を禁止するためには，加盟国はその添加が栄養上の必要性に合致しないということを証明するだけでよい（para. 16)。

こうした経緯の下で，欧州委員会は，条約第28条及び第30条に基づく義務の不履行訴訟を欧州司法裁判所に提起した。

(イ)　訴訟における当事者の主張

欧州委員会の主張は，以下のとおりであった。

デンマークの住民における栄養的な必要性が欠如している場合におけるビタミン又はミネラルが添加された食品の一般的禁止は，条約第30条に規定されるいかなる理由（とりわけ人の生命及び健康保護）によっても正当化されない。栄養的な必要性の欠如は，条約第30条に基づく正当化理由ではない（para. 20)。

Sandoz事件判決に関しては，同事件において問題となった販売禁止措置は，栄養的な必要性の欠如によって正当化されたのではなく，問題の食品中の二つの特定のビタミンの存在が公衆衛生に対するリスクを提起したという事実によって正当化されたものである（para. 22)。デンマークの当局によるSandoz事件判決の解釈は誤っており，同判決の該当部分は，ビタミンの添加が栄養的な必要性に合致する場合にその食品の販売を禁止することが比例原則に反する,ということだけを述べたものである。当該住民における栄養的な必要性が存在しないときはどんな場合でも食品へのビタミンの添加が公衆衛生に対するリスクを提起するという主張を支持するものではない（para. 23）。

他の加盟国において適法に製造され，販売されている産品の販売の禁止を第30条に基づいて正当化するためには，そのような禁止が公衆衛生の保護に必要であることを証明しなければならない（para. 24）。ビタミン又はミネラルが強化された食品の一般的な禁止は，少なくともそのようなビタミンの添加により負荷される公衆衛生に対するリスクが詳細な分析によって証明されることが条件となるべきである（para. 25）。当該加盟国は，そのような場合において，承認の拒否を正当化する科学的データを引用することにより，問題の食品中のビタミン及びミネラル成分が公衆衛生に対する脅威である理由を示さなければならない（para. 26）。

本件に関しては，第一に，ビタミンの過剰摂取に由来する潜在的リスクに関してデンマーク当局より援用されたような一般的な検討は，ビタミンの食品への添加に関する公衆衛生に対するリスクの存在の十分な証拠を構成しない。第二に，ビタミンA又はDのような一定のビタミンの摂取に伴う特定のリスクが存在するという事実は，食品の栄養強化についての一般的な又は体系的な禁止を正当化しない（para. 27）。

一方，デンマークの主張は，以下のとおりであった。

比例原則との整合性のためには，食品の栄養強化が住民の栄養的な必要性に合致しないことを証明すれば十分である（para. 28）。

公衆衛生に関するリスクの証明に関しては，ビタミン及びミネラルの多量の摂取が有害な影響をもたらし得るということを決定すれば十分であることがSandoz事件判決から明らかである。科学的研究は確実性をもってそれらの摂取の限度を定め又は正確な影響を決定するには至っておらず，消費者の追加的な摂取量を予見し又は監視することは不可能であるゆえに人の健康への危険の存在は排除できない（para. 29）。ビタミン及びミネラルの摂取源は数多くあり，その摂取過程等において生じる複雑な相互作用を考慮し，総合的な未然防止政策を実施する必要がある（para. 30）。ビタミン及びミネラルに関するさまざまな科学的研究からは，ビタミンA，D及びB6に関して，比較的少量の摂取でも有毒な影響を有することが証明される（paras. 31-32)。

欧州司法裁判所はすでに，とりわけSandoz事件等において，予防原則の基礎となる科学的不確実性は，潜在的な危険の存在に関して加盟国の慎重なアプローチを正当化することができる，ということを認めた（para. 35)。

以上から，デンマークの行政実務は，ビタミン及びミネラルが食品に添加されるゆえに公衆衛生に対する潜在的なリスクが存在するという事実によって正当化される（para. 37)。

(ウ)　欧州司法裁判所の判決

裁判所の判決は，以下のとおりであった。

加盟国間の物品の自由移動は，EC条約の基本的な原則である。第28条（輸入数量制限及びこれと同等の効果を有するすべての措置の禁止）の規定は，その現れである（para. 38)。第28条で禁止される「輸入数量制限と同等の効果を有する措置」は，加盟国により制定され，共同体域内の貿易を直接的又は間接的に，現実に又は潜在的に妨げる可能性のあるすべての商取引規則が含まれる（ダッソンヴィル事件判決[17]等を参照）(para. 39)。問題のデンマークの行政実務が，第28条の意味の「数量制限と同等の効果を有する措置」であることは争われていない（para. 40)。それは，他の加盟国で適法に製造され又は販売できるビタミン及びミネラルを添加した食品の販売のためにデンマークの住民の栄養的必要性の証明を要求するものであって，その種の食品の販売を不可能ではないとしても一層困難にし，加盟国間の貿易を妨げる（para. 41)。

デンマークの行政実務がEC条約第30条に基づき正当化できるかどうかの問題については，調和の存在しない場合に，そして不確実性が科学研究の現状において存在し続ける限りにおいて，共同体域内での物品の自由移動の要求を常に考慮しつつ，想定される人の健康又は生命の保護の水準について及び食品の販売の事前承認を要求するかどうかについて決定するのは加盟国である（para. 42)。

公衆衛生の保護に関するその裁量は，ビタミンのような一定の物質（それら

17　Case 8/74 *Dassonville* [1974] ECR 837.

自体が一般的には有害ではないが，一般的な栄養の一部として過剰に摂取される場合にのみ有害な影響があるかもしれず，その構成が予見できず又は監視できないもの）に関して不確実性が科学的研究の現状において存在し続けることが示される場合には，とりわけ広範である（Sandoz事件判決para. 31を参照）（para. 43）。それゆえ共同体法は，原則として，加盟国が，ビタミン及びミネラルのような栄養素を組み入れている食品の販売を，事前承認を除いて禁止することを妨げない（para. 44）。

しかしながら，公衆衛生の保護に関するそれらの裁量を行使するに当たり，加盟国は比例原則を遵守しなければならない。それ故，加盟国が選択する手段は，公衆衛生を保護することを確保するために実際に必要なことに限られなければならない。そうした手段は追求される目的に比例していなければならず，またその目的は共同体域内貿易の制限の程度がより小さい手段によっては達成できないものである（Sandoz判決para. 18等を参照）（para. 45）。

さらに，EC条約第30条は，共同体域内の物品の自由移動の例外規定であるので，各々のケースにおいて公衆衛生の保護等のために規則が必要であること，及び産品の販売が公衆衛生に関する現実のリスクを提起することを証明するのは，例外規定を援用する各国の当局である（Sandoz判決para. 22等を参照）（para. 46）。

それゆえに栄養添加食品の販売の禁止は，申し立てられているリスクの詳細な評価に基づかなければならない（EFTA裁判所のEFTA Surveillance Authority v Norway判決[18]（以下「EFTA判決」という）para. 30を参照）（para. 47）。販売を禁止する決定は，他の加盟国において適法に製造され販売されている産品の自由貿易にとってまさに最も制限的な障壁となるものであり，申し立てられている公衆衛生に対する現実のリスクがその決定時における最新の科学的データに基づき科学的に証明されていると思われる場合にのみ採択することができる。そのような文脈において，その加盟国により実行されるリスク評価の目的は，一定の栄養素の添加に由来する人の健康への有害な影響の蓋然性の程度並びにそうした潜在的影響の深刻さを評価することである（para. 48）。

18　Case E-3/00.

そのようなリスク評価が人の健康への現実のリスクの存在又は程度に関する科学的不確実性の存在を示す状況において，加盟国が，予防原則に従ってそうしたリスクの現実性及び深刻さが十分に証明されるまで待つことなく保護措置を採用することができるということが認められなければならない（National Farmers' Union事件[19]，para. 63を参照）。しかしながら，そのリスク評価は，全くの仮想的な検討に基づくことはできない（EFTA判決，para. 29等を参照）（para. 49）。

問題のリスクの評価に当たり，個別産品の特定の影響だけではなく，栄養素の摂取源はいくつもあり，かつ将来に亘っての摂取の可能性も含めた累積的影響を考慮に入れることが適当である（para. 50）。

予防原則の正しい適用は，第一に提案されている栄養添加の健康への潜在的悪影響の特定を，第二に入手可能な最も信頼できる科学的データ及び最新の国際的研究の結果に基づく健康へのリスクの包括的な評価を前提とする（EFTA判決，para. 30等を参照）（para. 51）。実施された研究の結果の不十分性，非結論性，又は不正確性により，申し立てられているリスクの存在又は程度を確実性をもって決定することが不可能であることが証明されるものの，そのリスクがもし現実化したときに公衆衛生に対する現実の損害の可能性が残存する場合，予防原則は制限的措置の採用を正当化する（para. 52）。

加盟国の住民にとっての栄養的必要性のクライテリアは，食品への栄養添加のリスクの詳細な評価において役割を演じることができる。しかしながら，デンマークによるSandoz事件判決の解釈とは逆に，そのような必要性の欠如は，それだけでは，他の加盟国で適法に製造され販売されている食品の販売の完全な禁止をEC条約第30条に基づき正当化することはできない（para. 54）。

本件のデンマークの行政実務は比例性を欠いている。なぜならば，栄養的必要性を構成する限定的な場合の他は，添加されるさまざまなビタミン及びミネラルによって，又はそれらの添加が公衆衛生に提起しうるリスクの水準によって区別することなく，ビタミン及びミネラルが添加されたすべての食品の販売を体系的に禁止するからである（para. 55）。デンマークの行政実務に基づく，

19　Case C-157/96 *National Farmers' Union and Others* [1998] ECR I-2211.

栄養的必要性に合致しない強化食品の販売の体系的な禁止は，公衆衛生に対する現実のリスクの特定及び評価に関して共同体法――それは，問題のミネラル及びビタミンによる影響について個別ケースごとの詳細な評価を要求する――の遵守を可能にしない（para. 56)。

以上に照らして，デンマークは，他の加盟国で適法に製造され販売されている栄養強化食品をデンマークの住民の必要性に合致する場合にのみ販売可能とする行政実務を適用することにより，EC条約第28条に基づくその義務を履行しなかったと宣告されなければならない（para. 57)。

オランダ事件判決

この事件は，デンマーク事件判決と事案内容及び判決内容ともに類似しているため，簡潔に紹介することとする。

(ア)　事件の経緯

この事件の概要は次のとおりである。

食品の製造及び販売に関するオランダ法によれば，厚生大臣は，所定の基準を満たさない食品の禁止を命ずるDecreeを発することができる。問題のDecreeに基づき，ビタミンA（レチノイドの形態），ビタミンD，葉酸，セレニウム，銅及び亜鉛の6種の微量栄養素については，代用食品又は“reconstituted foodstuff”の販売目的以外で添加することは原則として禁止される。厚生大臣は，その適用除外を認める（事前承認）権限を有しており，次の二つの基準が満たされる場合にのみ例外的に販売承認を与える実務をとっていた。その基準とは，第一に，当該添加物が健康に有害でないこと，第二に，その添加が現実の栄養的必要性があること，である。

他の加盟国において適法に販売していた加工食品をオランダにより販売不承認とされた業者が欧州委員会に申し立て，欧州委員会は，このオランダ厚生大臣の適用除外の実務について[20]，EC条約第30条（物品の自由移動の原則）及び第36条（例外）[21]違反を問い，義務不履行訴訟を提起した（paras. 5-21)。

(イ)　欧州司法裁判所の判決

裁判所の判決内容は，まず① 調和が存在しない場合に人の健康と生命の保護政策について加盟国に裁量があり，その裁量は科学的不確実性が存在する場合にはとりわけ広範であることから，共同体法は原則として，栄養素が添加された食品について事前承認を除き予防原則に従って販売を禁止する加盟国の立法を妨げないこと，② しかしながらその裁量を行使するに当たり，加盟国は比例原則を遵守しなければならず，それゆえ販売の禁止のためには現実のリスクが科学的に証明されている必要があること，③ そうしたリスク評価が不確実性の存在を示す場合には，加盟国は予防原則に従って保護措置をとることができるが，予防原則の適用には，健康への潜在的悪影響の特定と入手可能な最も信頼できる最新の科学的データに基づくリスクの包括的な評価が要求されること，という一般論を展開している部分（paras. 42-53）は，デンマーク事件判決とほとんど同じである。

そのあと判決は，次のようにオランダによる立証の内容の検討に入る。オランダは，6種の栄養素について，毒性学的最大量が一日当たり摂取勧告（RDA）よりもあまり高くはない（安全性のマージンが狭い）ことを理由に，所与の栄養的目的に合致しない製品の販売に対して制限を適用する必要があると主張するが，6種の栄養素の一日当たり摂取勧告は，毒性学的最大量と同じではなく，その差は各栄養素によって異なる。オランダ政府は，問題の6種の栄養素の一日当たり摂取勧告を超える摂取が，公衆衛生に現実のリスクを伴うということを証明するいかなる科学的研究も提出しなかった（paras. 56-59）。そのような状況において，栄養強化食品の流通の体系的な禁止は，公衆衛生に対する現実のリスクの特定及び評価に関して共同体法が遵守されることを可能にしない。共同体法は，ミネラル及びビタミンの添加が伴う影響について個別ケースごと

20　この訴訟は，事前承認制度というオランダの法制度ではなく，現実の栄養的必要性を承認の条件とするオランダ当局の実務に向けられたものである（paras. 22-23.）。ただ，本事件の法務官は，オランダの義務不履行という欧州委員会の主張は，オランダ当局の実務（すなわち，その法律の適用）にだけではなく，法律それ自体（六つの栄養素に係る特別な事前承認制度）にも関連しているとして，当該法制度についても条約義務違反の有無を判断している。Opinion of Advocate-General Poiares Maduro, delivered on 14 September 2004 in ECJ 2 December 2004, Case C-41/02, *Commission v. Netherlands*, [2004] ECR I-11375, paras. 55-61.

21　第30条，第36条は当時の条文。その後の改正で各々第28条及び第30条。

の詳細な評価を要求する（para. 63）。

以上から，裁判所は，次のように結論づけている。オランダ当局は，共同体法の要件，とりわけ問題の6種の栄養素のいずれかの強化食品の販売による公衆衛生への影響の可能性について詳細な，ケースごとの評価の要件を遵守しなかったと認定する（para. 67）。加盟国の住民における栄養的必要性の欠如という基準だけでは，他の加盟国で適法に製造され販売されている食品の販売について条約第36条に基づき完全な禁止を正当化することはできない（para. 69）。以上によりオランダは，条約第30条に基づくその義務を履行しなかった（para. 70）。

3　両判決の検討

両事件の内容は類似しており，オランダ事件判決は，多くの箇所でデンマーク事件判決を参照し，同様の結論を導いた。とはいえ，デンマークの実務は食品に添加されるすべてのビタミンとミネラルに体系的に適用された一方で，オランダの事件では問題の制度と実務は6種の栄養素だけに適用された点において相違し，また以下に示すように，オランダ事件判決の法務官の意見には，興味深い指摘が見られる。

両事件判決のポイントとしては，① 比例性の審査，② 予防原則の適用，③ 比例性の審査と予防原則の関係，という3点を挙げることができよう。これらの点を中心に，裁判所の判断の内容を検討する。

比例性の審査

㋐　比例性の内容

デンマーク事件判決は，まず加盟国には人の健康又は生命の保護に関してその保護水準の決定及び事前承認制度の採用について権限があり，科学的不確実性の場合には特にその裁量は広範であるとしながら（paras. 42-43），加盟国はその裁量を行使するに当たって比例原則を遵守しなければならないとする。本判決は，比例性の内容として，① 加盟国が選択する手段は，公衆衛生の保護を確保するために実際に必要なことに限られなければならないこと，② 追求される目的は共同体域内貿易への制限の程度がより小さい手段によっては達成できないこと，③ 手段は追求される目的に比例していなければならないこと，を挙げた（para. 45）。この部分で本判決はSandos判決等を参照したが，Sandos判決の該当箇所を見ると，EC条約第30条（当時第36条）における比例原則について，「条約第36条の最後の文の根底にある比例原則は，加盟国が問題の製品の輸入を禁止する権限が，健康を保護する正当な目的を達成するために必要なことに制限されるべきであることを要求する」（paras. 17-18）としている。本判決は，このSandoz事件判決がいう比例原則の内容をより詳細に敷衍して述べているといえる。

続いて本判決は，EC条約第30条は物品の自由移動原則の例外規定であることから，公衆衛生の保護等のために規制が必要であること及び産品の販売が公衆衛生に関する現実のリスクを提起することの証明責任は，例外規定を援用する各国の当局にあるとし（para. 46），それゆえに，栄養添加食品の販売の禁止は，申し立てられているリスクの詳細な評価に基づかなければならない（para. 47）とする。

オランダ事件判決は，デンマーク事件判決の以上の部分を参照し，ほとんど同様に述べている（paras. 42, 46-49）。

EUにおける比例原則については，「適合性（suitability）」，「必要性（necessity）」及び「狭義の比例性（proportionality *stricto sensu*）」があると一般に説明されること，また，EU裁判所の比例原則に関する判断はさまざまであることは第2章で見たとおりである。本判決が比例原則の内容として述べた上記①と②は「適合性」及び「必要性」に，③は「狭義の比例性」に，それぞれ対応しているように思われるが，明確ではない。「比例原則違反」との結論が，①～③のいずれについて審査した上でのものかも明示されていないが，①の「手段は，公衆衛生の保護を確保するために実際に必要なことに限られる」という意味での比例原則，つまり「適合性」及び「必要性」原則の一部について判断したものと思われる。「より貿易制限的でない代替措置」の存否や，利益の衡量についての判断は述べられていない。オランダ事件判決も同様である。

ただ，両事件ともに「より貿易制限的でない代替措置」に関する議論があったことが，各々の法務官意見から伺える。デンマーク事件において，欧州委員会は,「適切なラベリング」という手段が，物品の禁止という方策よりも追求される目的にとって一層比例的な代替策となると主張した。これは上記②の「追求される目的は共同体域内貿易への制限の程度がより小さい手段によっては達成できない」かどうかの議論に当たる。この欧州委員会の主張に対して，Mischo法務官[22]は，次のような理由を挙げて同意しない。第一に，ビタミンの含有量についての簡単な表示だけでは十分ではない。消費者の大多数は，ビタミンの食品添加は健康に良いと考えているゆえに，そのような情報は，平均的な消費者にとっては購入するインセンティブとして理解されるからである。第二に,「もしあなたが日常の食事によってすべてのビタミン及びミネラルの必要量をすでに摂取している場合には，この食品の消費は，あなたの健康に危害を与えるかもしれない……」というような警告表示の場合には，平均的な消費者にとって，すでに摂取しているビタミン及びミネラルの量を知らないことから混乱の原因となる，というのである（paras. 131-136)。オランダ事件においても，欧州委員会は，問題の栄養素を含んでいるかどうか明示するラベリングの使用は，公衆衛生の保護及び消費者への情報提供の上で十分であるとする一方，オランダは，消費者が毎日の食事における栄養素の累積的影響を知ることは不可能で，製品表示は安全限度を超過するリスクを防止する観点から不十分であると主張し，Maduro法務官は，この論争に関してはオランダの主張に賛成している[23]。

両事件ともに，判決自体には，これらに関する判断は述べられていない。

また，両判決は，加盟国に保護の水準の決定に関する幅広い裁量を認めているにもかかわらず，比例原則（おそらく，そのうちの「適合性」「必要性」）違反を認定しており,「適合性原則と必要性原則は，保護の水準の幅広い裁量にかかわらず，選択される措置を統制する機能を果たしうる」という第2章で述べたことが，ここで実証されている。

(ｲ)　比例性の審査基準

22　Opinion of Advocate-General Mischo, delivered on 12 December 2002, in ECJ 23 September 2003, Case C-192/01, *Commission v. Denmark*, [2003] ECR I-9693.

23　Opinion of Advocate-General Poiares Maduro, paras. 57-59.

比例性の審査基準に関しては，両判決には，共同体の措置に関する判決例に見られる「明白な不適切性」（本節第1項参照）基準への言及はない。デンマーク事件判決は，デンマークの問題の措置が個々別々ベースでのリスク評価に基づかずに「ビタミン及びミネラルが添加されたすべての食品の販売を体系的に禁止する」ことを理由に，ただちに比例原則違反と認定した。

予防原則の適用条件とその審査

(ア)　予防原則の適用条件

デンマーク事件判決は，「リスク評価が人の健康への現実のリスクの存在又は程度に関する科学的不確実性の存在を示す状況において，加盟国は，予防原則に従ってそうしたリスクの現実性及び深刻さが十分に証明されるまで待つことなく保護措置を採用することができる」として予防原則の意義を認める。

その上で判決は，予防原則の適用の条件というべきものを明記している。まず，「ただし仮想的な検討に基づくことはできない」（para. 49）とした。さらに予防原則の正しい適用の前提として「第一に提案されている栄養添加の健康への潜在的悪影響の特定を，第二に入手可能な最も信頼できる科学的データ及び最新の国際的研究の結果に基づく健康へのリスクの包括的な評価」（para. 51）を挙げた。つまり，予防原則の適用の前提条件となる科学的リスク評価の基準を明示した。

オランダ事件判決は，予防原則がEC条約上環境政策だけでなく第129条（改正後は152条）に従い人の健康の保護政策においても適用することができることを明示したことの他は，デンマーク事件判決を参照しつつほとんど同じことを述べている。

(イ)　予防原則適用条件充足性の審査

ただ両判決は，問題の措置がこうした予防原則の適用の前提条件を満たしたのかどうか，本事案についての予防原則の適用をどのように考えたのか，判決の文面からは明確ではない。

この点に関して，オランダ事件の Maduro 法務官の意見は，次のように明確に述べている。「裁判所の判例（デンマーク事件判決）から，健康保護目的で物品の自由移動に課せられる制約は，個別ケースベースで行われる正確なリスクの科学的評価に基づかなければならないことは明らかである」[24]とする。次に，本件においてオランダが，葉酸及びビタミンDに由来する健康リスクについて証拠書類を提出して主張していることから，これらを検討し，「葉酸については，オランダは，2000年11月28日のEU科学委員会のレポートを引用する。オランダはまた，オランダの健康理事会の意見に言及する。それは，葉酸の添加が多くのリスクを伴う可能性があると述べている。しかしながら，それらのリスクの性質又は強さに関して詳細には記述されていない」。「ビタミンDに関しては，オランダは，過剰な摂取が健康に有害であるかもしれないことを指摘するだけであり，そのステートメントを支持するいかなる科学的研究にも言及していない」とする（paras. 45-46）。その上で，予防原則の適用の可否について次のように結論づける。「それらの評価が，問題の栄養素の過剰摂取に伴う健康リスクについて明確な分析を生み出していないことは明らかである。言及された研究は，それらのリスクの現実化の可能性，又はそれらが現実化する閾値を示していない。……したがって，オランダはその政策を正当化するために予防原則を援用することを正当化されない」（para. 47）。「問題の6種の栄養素の摂取を通じて引き起こされるリスクを証明するためにオランダが依拠する科学的検討が，健康へのリスクの程度及び深刻さを特定するための科学的評価を含んでいないことから，オランダは，予防原則を援用することを正当化されない」（para. 50）。

両判決は，予防原則の意義を「リスクの現実性及び深刻さが十分に証明されるまで待つことなく保護措置を採用することができる」と定義しつつ，結論的には保護措置の採用を認めなかったのであるから，上記Maduro法務官の意見も踏まえると，両判決は両事案に予防原則の援用を認めなかったと解される。裁判所が本件において予防原則の援用を認めなかったということは，予防原則の適用の前提条件となる科学的リスク評価の基準を満たしたかどうかの評価について，司法審査が厳格に行われていることを意味するであろう[25]。

24　Opinion of Advocate-General Poiares Maduro, para. 44.

比例性の審査と予防原則の関係

両判決は，EC条約第30条で正当化されるためには比例原則の遵守が必要であり，そのために詳細な科学的リスク評価が要求されるとしながら，科学的不確実性がある場合に一定の条件を満たした上で予防原則に従って措置を採用できるという流れになっている。そうした構成から判断すると，科学的不確実性下での比例原則（「適合性」及び「必要性」原則）の審査の一部として予防原則の適用の可否の審査を行っている，言い換えれば，比例原則（「適合性」及び「必要性」原則）の適合を認定するために予防原則の適用が可能かを審査しているように思われる。審査の結果，予防原則の適用の前提となる科学的評価の要件を満たさないと判断したため，予防原則の援用は認めず，その結果，比例原則の違反を認定したと思われる。この点は，オランダ事件のMaduro法務官の意見では，明確に現れている。

4　EU共同体機関の措置と加盟国の措置との司法審査の比較

加盟国が健康保護目的で予防原則を援用する場合に欧州司法裁判所による比例性審査がどのように行われるかについて，デンマーク事件及びオランダ事件の両判決（以下本章において「デンマーク事件判決等」という）を見てきた。これらの要点を，共同体機関の措置に関し予防原則と比例原則の双方が関係する代表例であるBSE事件判決[26]及びPfizer事件判決と比較しながら，整理してみ

25　なお，デンマーク事件のMischo法務官意見は，本件デンマークの実務に予防原則の適用を認め，条約義務違反はなかったとする。Mischo法務官は，Pfizer事件（para. 142-144）及びAlpharma事件（para. 155-157）を参照し，「第一審裁判所の判決のその部分は，予防原則を適用するに際しての固有の緊張関係のすべてを十分に表明している。措置は全く仮想的なリスクに基づくことはできない一方で，リスクが確実性をもって証明されるまで待つことはできない。絶対的な確実性というものは，リスクがすでに現実化した場合にのみ到達できるものであり，その時にはそれを修正するのは遅すぎる。もっともらしい（plausible）公衆衛生リスクがあれば，予防原則に従って，加盟国が第30条に基づいて措置を採用することを許容する上で十分であるように私には思われる」（Opinion of Advocate-General Mischo, *supra* note 122, paras. 100-102）と述べて，本件の問題の措置（デンマークの実務）は，EC条約第30条に基づき公衆衛生保護の必要性によって正当化され，また比例原則に反しない，と結論づけた。

よう。

第一に，比例性の審査基準に関して，BSE事件判決及びPfizer事件判決は，「明白な不適切性」基準をとっている[27]。すなわち，比例性に係る司法審査は，当該措置が追求される目的の達成との関連で明白に不適切であるかどうかを評価することに限定される。他方，デンマーク事件判決等では，こうした審査基準への言及はないまま比例原則との整合性が強調され，デンマークの問題の措置が個々別々ベースでのリスク評価に基づかずに「ビタミン及びミネラルが添加されたすべての食品の販売を体系的に禁止する」ことを理由に，ただちに比例原則違反と認定した。

第二に，予防原則については，環境保護措置のみならず健康保護措置にも予防原則の適用があることは，BSE事件判決及びPfizer事件判決において[28]，またデンマーク事件判決等においても同様に認められており，相違はない。

第三に，予防原則が適用される前提となる科学的裏付け・科学的評価の程度についてである。BSE事件判決は明確には述べていないが，Pfizer事件判決は，「(予防原則に基づく) 防止的措置は，リスクが，その存在及び程度が決定的な科学的証拠によって『完全に』証明されていないものの，当該措置が講じられた時点において入手可能であった科学的データによって適切に裏付けられるものと考えられる場合にのみ，これを講ずることが可能である」とする[29]。デンマーク事件判決等では，予防原則の適用の前提として「有害な影響の蓋然性の程度並びにそうした潜在的影響の深刻さ」の評価がなされた上でそれが「現実のリスクの存在又は程度に関する科学的不確実性の残存を示すこと」を条件として示しており，必要となる科学的評価の程度それ自体にはPfizer事件判決と基本的な相違は見られない。しかしながら，こうした科学的評価に係る条件を満たしているかどうかの司法審査のあり方については相違が見られる。Pfizer事

26　BSE事件は，本章で取り上げたデンマーク事件等と同種の貿易制限措置関連の事案であるという意味では，比較対象として重要である。

27　Case C-180/96, para. 97. Case T-13/99, para. 412.

28　Case C-180/96, para. 100. ただし，「防止的（preventive）措置をとる原則」との表現。Case T-13/99, para. 139.

29　Case T-13/99, para. 144.

件判決によれば，① まず一般的に司法審査の範囲については，共通農業政策に関連する事項においては，共同体機関は追求される目標の定義及び適切な手段の選択に関して広範な裁量を享受し，② さらに，共同体の当局がその義務の遂行の際に複雑な評価を要求される場合，その裁量が，その措置の事実的基礎の確立に，ある程度適用されるというのは，確立された判例法である，とする。③ そのことから，共同体機関が科学的リスク評価を実行し極めて複雑な科学的及び技術的事実を評価することを要求される本件においては，それらがそのようにした方法についての司法審査は限定されなければならず，共同体裁判所の審査は，共同体機関によるそれらの裁量の行使が権限の明白な誤り若しくは誤った権限の行使によって無効となるか否か，又は共同体機関が明らかにそれらの裁量の範囲を超えたかどうかを確かめることに限定されなければならないとする[30]。他方，デンマーク事件判決等では，その種の司法審査の限定についての言及はなく，十分なリスク評価がなされていないと結論づけられている。

以上を要約すると，本章で取り上げたデンマーク事件判決及びオランダ事件判決の二つの事例を見る限りにおいて，加盟国の措置の場合，(a) 比例原則整合性に係る司法審査には，共同体機関の措置の場合のような「明白な不適切性」基準のような制約がなく，厳格に行われること，(b) 予防原則が適用される前提となる科学的裏付けの条件自体は，共同体機関の措置の場合と基本的な相違は見られないが，その条件を満たすかどうかの審査は，「裁量の行使が権限の明白な誤り若しくは誤った権限の行使によって無効となるか否か，又は明らかにそれらの裁量の範囲を超えたかどうかを確かめることに限定され」る共同体機関の措置とは異なって，より厳格に行われ，加盟国による予防原則の援用が制約されている，ということになる。以上のことを表3-1に整理した。

加盟国の措置と共同体機関の措置との相違の理由について，オランダ事件のMaduro法務官が，その意見において次のように説明している。「(予防原則が) 共同体機関によって援用されるか，又は加盟国によって援用されるかによって，異なる結果が，予防原則への依拠から生じる。もし例えば，ある加盟国が，予

30　*Id.*, paras. 166-169.

表3-1　EU共同体機関の措置と加盟国の措置との司法審査の比較

		共同体機関の措置 （例，Pfizer事件判決）	加盟国の措置 （例，デンマーク事件判決）
比例原則の司法審査		比例性の司法審査は，当該措置が追求される目的の達成との関連で明白に不適切であるかどうかを評価することに限定され，共同体機関の裁量は広い	比例性の審査において「明白な不適切性」基準はなく，左より厳格。加盟国の裁量は狭い
予防原則の援用についての司法審査	援用の前提たる科学的評価（科学的証拠）についての要件	リスクが，その存在及び程度が決定的な科学的証拠によって『完全に』証明されていないものの，当該措置が講じられた時点において入手可能であった科学的データによって適切に裏付けられるもの	有害な影響の蓋然性の程度並びにそうした潜在的影響の深刻さ」の評価がなされた上でそれが「現実のリスクの存在又は程度に関する科学的不確実性の残存を示すこと」（左と大差なし）
	上記要件についての司法審査	裁判所の審査は，共同体機関によるそれらの裁量の行使が権限の明白な誤り若しくは誤った権限の行使によって無効となるか否か，又は共同体機関が明らかにそれらの裁量の範囲を超えたかどうかを確かめることに限定される	左のような限定なし，より厳格

（出所）筆者作成。

防原則に依拠する場合，その決定は，単一市場の分割につながるだろう。さらにたとえ採用される措置が保護主義者によって導かれなくても，共同体機関の予防原則に基づく決定の採用の場合とは異なって，その他の加盟国の見解は考慮されない。そのことは，裁判所の判例法が，加盟国により援用される予防原則の使用に厳格な制約を課していることを説明する[31]。そうした理由のゆえに，「加盟国が予防原則に依拠することに関して許容される裁量は，加盟国が科学的分析から離れれば離れるほど，そして政策的判断に依拠すればするほど，ますます制限される」[32]。

31　Opinion of Advocate-General Poiares Maduro, *supra* note 120, para 30.

32　*Id.*, para. 33.

5　比例原則の適用における予防原則の機能

比例原則と予防原則との関係について，増沢陽子氏は，（欧州委員会の）コミュニケーションが述べるように比例原則が予防原則に基づく措置の内容を統制する原則であるのか，予防原則が比例性原則の適用方法に影響を与える原則であるのかについて議論が必要とするとともに，BSE事件判決では比例性原則整合性を認定する際の根拠の一つとして予防原則が用いられていると指摘している[33]。本章で取り上げた二つの判決においても，EU裁判所は，比例原則のうち「適合性」及び「必要性」の一部を認定する根拠として予防原則の使用を検討しているように思われる。必要性原則は，適合性原則の充足を前提とする（「適合性」を満たす代替措置の中での検討になる）ので，これらのことは，予防原則は，科学的不確実性の場合において比例性（うち「適合性」）を補完する役割を果たすことを示唆しているのではないかと思われる。このことは，Pfizer事件判決からも示唆される。Pfizer事件判決は，比例原則の三つの部分原則の遵守状況を各々検討した結果，問題の措置は明白に不適切とはいえない，つまり比例原則違反とはいえないと判断したのであるが，この判断のなかで，「適合性」に

33　増沢陽子「EU環境規制と予防原則」庄司克宏編著『EU 環境法』（慶應義塾大学出版会・2009 年），176頁は，予防原則と比例原則との関係について，(a)（欧州委員会の）コミュニケーションが述べるように比例原則が予防原則に基づく措置の内容を統制する原則であるのか，(b) 予防原則が比例性原則の適用方法に影響を与える原則であるのかについて議論が必要とするとともに，BSE事件判決では比例性原則への適合性を認定する際の根拠の一つとして予防原則が用いられていると指摘している。この区分に従えば，本章で取り上げた両判決は，BSE事件判決と同様(b)の考え方（ただし予防原則適用条件を満たさず）といえるであろう。思うに，既存の措置について比例原則違反との提訴を受けて審査する裁判所の思考過程は，(b)になるのではなかろうか。なぜならば，司法当局はその場合，問題の措置への予防原則の適用の可否については，比例原則の審査の過程で必要があると考えた場合にのみ審査すれば足りる（もし予防原則を適用しなくても比例原則を満たす状況であれば，裁判所はあえて予防原則適用の可否を審査する必要はない）からである。なお，Scottは，EUにおいて比例原則は予防（precaution）を抑制する（temper）役目をすると述べており，この表現は(a)の考え方である。 Scott, J., (2004) “The precautionary principle before the European courts”, in Richard Macrory (ed.), *Principles of European Environmental Law* (Europa Law Publishing, 2004) at 62.

関する判断の箇所においてはその理由付けの一つとして予防原則が使用されている（やや不明確だがpara. 417)。「適合性」を満たすためには，第2章で見たように，目的と措置との間に因果関係の存在が前提要件となる。科学的不確実性の存在する場合はこの点が弱くなりがちであるが，そこを予防原則が補強・補完するというように理解できるであろう[34]。言い換えれば，予防原則は適合性原則の統制力を弱めることになる。

また比例原則と予防原則の関係について，大塚直氏は，欧州第一審裁判所がAlpharma事件判決において共同体機関の立法行為に幅広い裁量を認めていること等を踏まえ，① 科学的不確実な事象の場合に正確な衡量は極めて困難であり，立法府の裁量は広がらざるを得ない，② しかし仮にそれが現実化した場合に損害が深刻な又は不可逆となると見込まれるリスクについてはリスクが小さい場合と同じ扱いをしないよう立法府の裁量に方向付けを与えるという点に予防原則の意義がある，とする[35]。

以上のことと第2章において述べてきたこととを考慮に入れることによって，比例原則と予防原則の関係について，以下のように総括することができると考える。

まず予防原則は，リスクが不確実であるからといってリスクが小さいと見なさないよう，裁量の行使に対して方向付けを与える。この結果，科学的不確実

34　デンマーク事件とオランダ事件の2判決は，まず比例原則（適合性原則）の遵守状況の検討から入っており，その審査過程で予防原則の適用が可能かを審査し，その結果，予防原則の適用の前提となる科学的評価の要件を満たさないと判断したため，予防原則の援用は認めず，その結果，比例原則の違反を認定したと思われる，これらの2判決では，「比例原則の審査過程での予防原則の審査」となっているが，本書はそのことを言いたいのではなく，「予防原則の援用が認められた場合には，比例原則の判断において予防原則が効いてくる」ということであり，時間的順序として予防原則の審査が先に来るか，比例原則の審査から開始するかは，どちらでもいいのである。要は，「予防原則に基づきどのような（どの程度の）措置をとるべきか，又はとることを認めるかの決定の局面で，比例原則充足性の判断が必要になり，その過程で，（既に援用が決まっているところの）予防原則の効能が効いてくる」ということである。

35　大塚・前掲注 (6) 312頁。なお，行政裁量については立法裁量ほど広くはなく，当面，予防原則は環境諸法のなかで「おそれ」条項のあるものについて解釈の指針を与えることになる，とする。

性があっても予防原則の適用要件を満たす場合には，リスク管理機関は，予防原則の適用の下，リスクの存在を前提に行動をとることとなる。

次に，具体的な措置の採用に際し，科学的不確実性（予防原則の適用）の有無にかかわらず，保護の水準にかかる幅広い裁量（これは科学的不確実性の有無にかかわらない）の結果として立法府等には比例原則（特に「狭義の比例性」）の適用について幅広い裁量が認められる。とはいえ，「適合性」と「必要性」の充足義務は十分に厳格であり，この点に関する司法審査は十分に行われ得る。科学的不確実性の下においては，因果関係が弱くなるがゆえに，「適合性」が充たされにくくなるが，予防原則が適用される場合は「適合性」が補完される。言い換えれば，予防原則は，比例原則のうち適合性原則の統制力を弱める。必要性原則については，「同等の保護水準を達成することが可能な，より制限的でない代替措置が存在してはいけない」という定義から考えて，予防原則は必要性原則には影響しないと考えられる。さらに，予防原則は「狭義の比例性」には一定程度影響すると考えられる。科学的不確実性の場合，現行リスク水準，つまりは規制の便益は不確実であるはずだが，予防原則は，そういう場合にも一定のリスクあり，つまりは規制の便益ありとの扱いを可能にするという意味で「狭義の比例性」整合性を補完する（言い換えれば，「狭義の比例性」の統制力を弱める）効果を有すると考えられる。とはいえ，前節で述べたように，適切な保護の水準決定の幅広い裁量の故に，予防原則の適用の有無にかかわらず元々「狭義の比例性」の統制力は極めて弱いものであり，その意味では「狭義の比例性」への予防原則の影響は小さいといえる。

以上から，最終的に，予防原則適用下においても，比例原則のうち必要性原則の統制力は十分に維持される（表3-2参照）。

なお，以上の説明のうち環境・健康リスク管理への比例原則の適用と予防原則の関係については，図3-1のように描くことができよう。

4　第1部まとめ

予防原則に基づく措置に対する比例原則による統制をどう考えるかの問題に

表3-2　予防原則に基づく措置に対する比例原則による実体的統制
――「適切な保護の水準」決定の幅広い裁量と予防原則の適用各々による影響

	適合性原則による統制（因果関係）	必要性原則による統制（同等の保護の水準を達成する選択肢のうちで最も制限的でないこと）	「狭義の比例性」原則による統制（利益衡量）
環境・健康リスク管理措置一般が享受する「適切な保護の水準」決定の幅広い裁量による影響(A)	影響なし	部分的に弾力化するが，統制力は維持される	大いに影響。統制力弱まる
予防原則の適用による影響(B)	影響有り（因果関係を補完）。統制力弱まる	無関係	影響有り（規制の便益を補完）。統制力弱まる
(A)と(B)の累積影響：予防原則に基づく措置に対する統制（結論）	統制力は弱い	統制力は維持される	統制力は弱い

（出所）筆者作成。

図3-1　環境・健康リスク管理への比例原則の適用と予防原則の関係

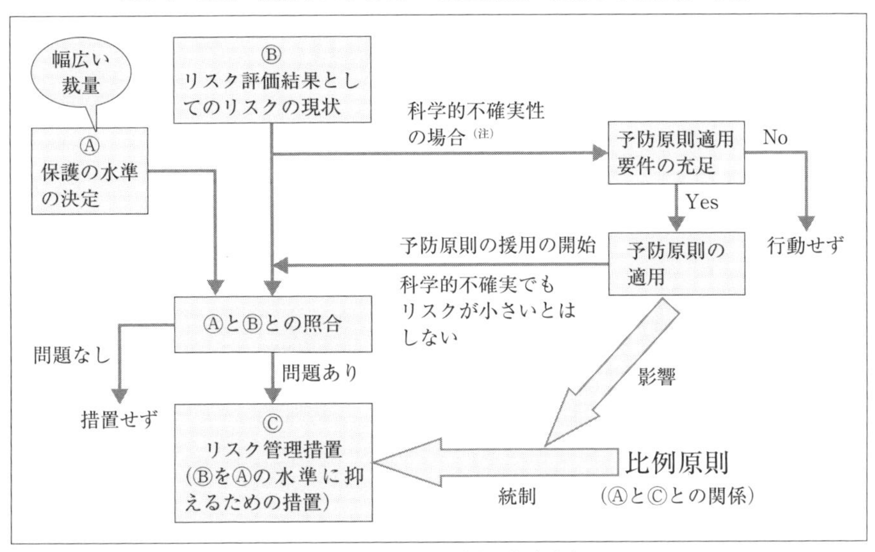

（注）リスク評価が行われていないゆえに科学的不確実な場合もある。
（出所）筆者作成。

関する先行研究は，序章でも述べたように，予防原則に基づく措置に対する実体的な法的統制（特に比例原則に基づく統制）は弱くならざるを得ないとし，それゆえに手続的な面の統制（決定プロセスへの市民参加，より良い知見が得られたときの改善義務等）が重要であることを強調しているものが多い。しかし，「予防原則に基づく措置には，比例原則の統制が十分には効かない」との事態をもたらす要因には，一つにはEUの共同体機関の享受する裁量（加盟国の場合とは異なる）に由来すること，二つには保護の水準の決定の裁量に由来すること，及び三つには予防原則それ自体に由来することがあり，本書では，前章と本章とにわたって，こうした異なる要因を区別して分析してきた。

前章と本章と併せた結論のポイントは，以下のとおりである。

㈠「環境・健康リスク管理措置の決定」という行為に対する比例原則による統制とは，「措置を『適切な保護の水準』に合わせる」という意味であることから，これについて考察するに当たり，その行為を，

① 「適切な保護の水準」の決定と，

② それを達成するための手段の選択（つまり措置の決定），

という二つの構成要素に分けて考察することが有益である。

㈡ 本研究は，まず，予防原則の適用の有無にかかわらない環境・健康リスク管理措置一般について検討し，①について立法府等が幅広い裁量を享受することを出発点に，②に対する比例原則による統制の程度を，三つの部分原則毎に考察した（第2章）。

㈢ その次に，予防原則がどのように影響するかを考察した（第3章）。「適切な保護の水準」の決定と予防原則とは互いに独立的と考えるべきことから，予防原則は，上記①の決定には直接影響せず，②に対する比例原則の適用方法に影響する。

㈣ 以上の㈡と㈢の考察結果を重ね合わせ，予防原則に基づく「環境・健康リスク管理措置」に対する比例原則による統制を総括すると，比例原則のうち必要性原則が機能する余地は残るということがいえる。予防原則に基づく「環境・健康リスク管理措置」理措置への比例原則（必要性原則）に基づく実体的統制は十分に追求可能である。

(オ)　なお，EUでは共同体機関の措置の場合と加盟国の措置の場合とでは，もともとの（予防原則の適用の有無にかかわらず）裁量に大きな違いがあることに留意する必要がある。

第2部

予防原則とリスクトレードオフ・一貫性原則

第4章
予防原則とリスクトレードオフ

1　本章の課題

あるリスクを減らそうとする取り組みが，意図しない別のリスクを発生させるリスクトレードオフという現象がある。リスクトレードオフに関連して，予防原則について疑問や批判がなされている。つまり，予防原則の適用はかえってリスク増大を招くおそれがある，予防原則は役に立たない，概念自体が矛盾・麻痺であるというのである。

こうした疑問･批判は，予防原則に基づく措置の合理性を担保する上で，また，予防原則の概念･意義を考える上でも重要な要素を含んでいると思われる。本章では，リスクトレードオフの場合にあっても，こうした批判等が当てはまらず，有用かつ必要であるといえるような予防原則の概念定義等について考察する。

2　予防原則とリスクトレードオフをめぐる問題

1　リスクトレードオフとは

リスクトレードオフとは「特定のリスクを低減するための取り組みが，逆に，ほかのリスクを増大させてしまうこと。医学では副作用，軍隊では二次損害，一般政策では意図せぬ結果として知られている。例えば，頭痛にはアスピリンが効くが，その一方で胃が痛くなることがある」[1]と説明される[2]。前者のリスクは「目標リスク」と，後者のリスクは「対抗リスク」[3]と呼ばれる。

環境分野でよく挙げられるリスクトレードオフの事例としては，次のようなものがある。

まず，水道水の塩素処理を発がんリスクの削減のために禁止すると，感染症リスクが増大する。実際に1991-1992年に起きたペルーでの事件がある。水道水が原因でコレラが蔓延し，80万人が罹患し，7000人近くが死亡した。原因は，塩素処理によって発生する発がん性物質トリハロメタンなどを規制しようとして，ペルー政府が塩素消毒を中止したことにあった[4]。

二つ目に，熱帯地方でのDDTの使用を，生態系への悪影響を防ぐために禁止すると，マラリアによる死者を増やす。DDTは有機塩素系の殺虫剤で，マラリア等の抑制に有効であったが，環境生物や人に有害として1960年代から1970年代にかけて世界的に禁止されていった。ところが，禁止後マラリアが復活し感染者が急増し，WHO（世界保健機関）は2006年に室内残留噴霧を奨励するとアナウンスして方針転換した[5]。

1　日本リスク研究学会編『リスク学用語小辞典』（丸善・2008年）282頁〔近本一彦執筆〕。

2　リスク分析におけるトレードオフには，リスクと便益との間のトレードオフと，リスク間のトレードオフがあり，前者を扱うのがリスク便益分析であり，後者を扱うのがリスクトレードオフ分析である（齊藤修「リスクトレードオフ分析の概念枠組みと分析方法1：リスクトレードオフ分析の概念枠組み」『日本リスク研究学会誌』20(2)(2010年）98頁)。なお，齊藤論文は，リスク間のトレードオフにも，直接的関係のあるトレードオフと予算や資源制約を介する間接的なものとがあり，後者も含めるとあらゆる問題や政策がトレードオフ関係になりかねない（なぜなら，リスク削減には通常，費用や資源を要するため有限な予算と資源制約の中ではすべてのリスク対策の間にはトレードオフ関係がある）等の理由から，直接的関係があるもののみを「リスクトレードオフ」分析の対象としている（101頁)。本章で扱うリスクトレードオフもこれと同様の意味である。

3　「代償リスク」,「代替リスク」という言い方もある。本書では基本的に「対抗リスク」を使用する。

4　中西準子『食のリスク学』（日本評論社・2010年）14-15頁。なお，同書（15-16頁）は，1996年に堺市で起きたO157カイワレ大根の事件も，教育委員会がトリハロメタンのリスクを恐れて野菜等の塩素消毒を中止していたことが関係しているとの見方があることを紹介している。

5　中西準子「環境リスクの考え方」橘木俊詔，長谷部恭男，今田高俊，益永茂樹編『リスク学とは何か　リスク学入門1』（岩波書店・2007年）159-163頁。

三つ目に，魚に含まれる化学物質の発がんリスクを恐れて食べないと，心疾患の増大というリスクをもたらす[6]。

これら以外にも，例えば，2012年8月に北海道で，浅漬けを食べたのが原因で起きたO157集団食中毒で100人以上が発症，7人が死亡した事件があったが，浅漬けが原因のO157食中毒はこれまでにもたびたび起きている。その背景の一つとして，もともと保存食であった漬け物は塩分を強くして雑菌の繁殖を抑えていたが，塩分は健康に悪いとされてきて，今の漬け物は塩分をほとんど使わない浅漬けが主流になり，その分食中毒のリスクが高まることが指摘されている[7]。福島第一原発事故においても，被曝リスクを避けるためにとった避難行動が別のリスクを招いた事例があった[8]。これらもリスクトレードオフの一事例である。

2　予防原則に対する批判

リスクトレードオフに関連して，予防原則の適用のあり方や概念・意義自体に対して問題提起や批判がなされてきている。こうした批判等は，3点にまとめることができる。

第一に，予防原則の適用によってリスクトレードオフが生じ，かえってより大きな害悪を生むことがあるという指摘である（批判(a)：現実的弊害論）。これは，以前から予防原則批判のポイントの一つとしてたびたび指摘されてきた点である[9]。

第二に，トレードオフ関係にある二つのリスクを前にして，予防原則はどちらのリスクを回避すべきかの指針を示さず役に立たない，という指摘である[10]

6　中西準子『環境リスク学』（日本評論社・2004年）193-196頁。

7　NHK 解説委員室「くらし解説　どう防ぐ　O157 による食中毒」（2012年8月24日）http://www.nhk.or.jp/kaisetsublog/700/129578.html（2014年9月1日アクセス）

8　村上道夫・永井孝志・小野恭子・岸本充生『基準値のからくり』（講談社・2014年）180頁。緊急避難指示を受けて第一原発周辺の病院から県外へ搬送された病状の重い患者の中で，その途中や直後に死亡する人が出てしまったこと，また，2014年5月時点での福島県の震災関連死は1700人を超えたが，死因の大部分には避難所生活での肉体的・精神的疲労が関連していること，などが挙げられている。

（批判(b)：無益論）。

第三に，米国のSunsteinによる指摘で，予防原則に対して次のように批判する。予防措置は規制の結果として代替リスクを引き起こすことから，予防原則に反することを予防原則自体がもたらす。強い予防原則（「損害が実際に生じてからではなく，損害の生じる可能性を示す証拠があれば直ちに，問題を是正するための措置をとるべきである」という意味）によれば，予防原則で要求される措置そのものが同時に禁止されるという麻痺状態になる。例えば遺伝子組換え作物（GMO）の作付けによる生態系及び人の健康のリスクには不確実性があることから，強い予防原則は，遺伝子組換え作物の禁止（又は少なくとも厳格な制限）を要求する。しかし遺伝子組換え作物の禁止又は制限は，アフリカ等での飢餓，栄養失調及び農地開発などの重大なリスクを作り出す[11]ことから，強い予防原則は遺伝子組換え作物の促進を要求するだろう。したがって，強い予防原則は矛盾である――遺伝子組換え作物の促進と禁止を同時に禁止する[12]。これは，予防原則の概念に内在しうる論理的矛盾を指摘するものであるといえる（批判(c)：論理的矛盾論）。

これらの予防原則批判は，いずれも重要な点を含んでいる。予防原則の主張や適用は，こうした批判が当たらないことを示すものでなければならない。このことを次節において検討する。

9　例えば，Nollkaemper, A., "'What you risk reveals what you value', and Other Dilemmas Encountered in the Legal Assaults on Risks" in David Freestone & Ellen Hey (eds.), *The Precautionary Principle and International Law* (Kluwer Law International, 1996) at 73-94；中西・前掲注（5）169頁。

10　例えば，中西準子・蒲生昌志・岸本充生・宮本健一編『環境リスクマネジメントハンドブック』（朝倉書店・2003年）412-413頁〔岸本充生執筆〕。

11　遺伝子組換え技術は，世界の人口増がもたらす将来の食糧不足を解決する有望な手段とも言われている。

12　Sunstein, C. R., *Laws of Fear: Beyond the Precautionary Principle* (Cambridge University Press, 2006) at 26-34；Sunstein, C. R., *Worst-Case Scenarios* (Harvard University Press, 2009) at 125-129；同邦訳キャス・サンスティーン著・田沢恭子訳『最悪のシナリオ』（みすず書房・2012年）133-136頁。

3　予防原則批判についての考察

これらリスクトレードオフに関連した予防原則批判には，予防原則の運用のあり方についての指摘（現実的弊害論）と，予防原則の意義自体についての指摘（無益論及び論理的矛盾論）とがあり，両者を区別して考察する必要がある。

1　現実的弊害論について

上記批判のうち，批判(a)（現実的弊害論）は，中西準子氏の「環境保全運動の立場に立つと……DDTを禁止したときにかえってどういうリスクが生ずるかなどには思い至らず，環境に悪いからと……完全禁止を求めることになりがちである。これは予防原則という思想の一つの形である」[13]，「リスク削減には，必ず別のリスク増大（ベネフィットの損失）が伴う。このリスク増大をきちんと見据えて現在のリスク削減策を論じなければならない。ターゲットになっているリスクだけに目を奪われて対策をたてても駄目だ」[14]との指摘に代表される。ただ，これは重要な指摘であるものの，予防原則適用時にのみ当てはまるわけではなく，科学的不確実性の存在しない場合，つまり予防原則の適用のない場合も含む[15]，リスク管理一般に当てはまるものである。合理的なリスク政策であるためには，対抗リスクの大きさが目標リスクよりも小さくなるようにしなければならない[16]。実際のこのような事例として，「例えば，わが国では2000年にガソリン中ベンゼン濃度を規制したがガソリンのオクタン価を維持するためにメチル-t-ブチルエーテル（MtBE）濃度の増加を容認した。ベンゼン，MtBEともに発がん物質であるが，MtBEによる代償リスクはベンゼンによる目標リスクに比べると小さいと評価されている」[17]。

13　中西・前掲注（5）169頁。

14　中西・前掲注（6）195頁。法学の文献においてもリスク管理におけるリスクトレードオフの考慮の必要性は，リスク比較義務の一環としてつとに指摘されているところである。

15　本文2 第1項に列挙したリスクトレードオフの事例のうち水道水の事例では，塩素殺菌と発がんリスクの因果関係は科学的に明確であると思われる。

予防原則を擁護する立場においても，予防原則適用時に陥りがちな上記問題点を承知している。例えば，Sandinらは，「予防原則は，対抗リスクを無視しつつ単一の目立つ脅威に焦点を当てるように意思決定者を誘うことがあるかもしれないことを認めなければならない」としつつ，「しかしながら，これは予防原則を放棄する理由にはならない。予防原則は合理的な方法で適用されることが重要である。特に，予防原則は，その原則それ自体によって規定される予防的措置にも適用されるべきである」[18]と反論している。批判(a)のいうとおり，特定のリスクの排除だけを考えるような，いわば副作用を無視して薬を飲み続けるような思考方法を排して，予防原則を適用してとる措置についても，リスクトレードオフを考慮した上でどのような措置をとるかを考えるべきであり，要件を満たす場合には両サイドのリスクに予防原則を適用して対応するべきである。ただし，予防原則が適用されるような科学的不確実性のある状況では，両サイドの厳密なリスク比較は困難であることには留意する必要がある[19]。

批判(a)（現実的弊害論）の指摘は，リスクトレードオフによる対抗リスクの存在を無視してはいけないというもので，予防原則の運用のあり方の問題であり，運用に留意すれば批判(a)はクリアすることができる。それに対して，批判(b)（無益論）及び(c)（論理的矛盾論）の指摘は，対抗リスクにも目配りして対応しようとすることがもたらす問題で，かつ予防原則の意義自体への疑問である。

16　日本リスク研究学会・前掲注（1）171-172頁〔森澤眞輔執筆〕。なお，岸本氏によれば，リスクが減っているかどうかをリスクトレードオフ評価によって検討し，リスクが減っている場合にその効果が支出される費用に見合っているかどうかを経済分析（費用効果分析）によって検討する。この両者が意思決定のために必要である。岸本充生「リスクトレードオフ解析のための経済分析指針」（2010年5月）。https://staff.aist.go.jp/kishimotoatsuo/economicanalysis.pdf（2014年9月1日アクセス）

17　日本リスク研究学会・前掲注（16）。

18　前掲注（9）のNollkaemperの指摘に対する反論。Sandin, P., M. Peterson, O. Hansson, C. Rudén & A. Juthe, "*Five charges against the precautionary principle*", 5 (4) Journal of Risk Research (2002) at 292-296.

19　科学的不確実性のある場合でも，予防原則の適用によって「リスクが小さい場合と同じ扱いをしない」という裁量の方向付けが与えられると考えるのが，後述の裁量方向付け説。

以下において批判(b)及び(c)について考察する。

2　無益論及び論理的矛盾論について

この問題は，予防原則の概念・定義をどのように構成するかが大いに関係することから，まずこの点について整理するところから始める。

さまざまな予防原則概念の分類

予防原則の概念については，従来からさまざまな考え方が唱えられ，これらはいくつかに分類されて理解されている[20]。

よく引用されるMorrisによる分類では，「強い予防原則」と「弱い予防原則」の2種類があり，前者は「有害性がないことが確実になるまで行動しない」，後者は，「完全な確実性の欠如は有害かもしれない行動を防止する正当化理由にはならない」というものである[21]。これは規制者の裁量の広さでの分類のように見受けられるが，証明責任の転換の有無を基準に分類したものであるとされる。「強い予防原則」と「弱い予防原則」の意味についてのSunsteinによる説明では，前者は「損害が実際に生じてからではなく，損害の生じる可能性を示す証拠があれば直ちに，問題を是正するための措置をとるべきである」こと，後者は「損害の決定的証拠がない場合にそれを理由として規制を拒否すべきではない」ことである[22]。また，① 科学的不確実性があっても規制を許容する（以下「許容説」），② 科学的不確実性があっても規制しなければならない（以下「義

20　MorrisとRogersによる分類の説明は，小島恵「欧州 REACH 規則に見る予防原則の発現形態(1)：科学的不確実性と証明責任の転換に関する一考察」早稲田法学会誌59(1)（2008年）146-149頁による。また，小島氏によれば，証明責任の転換の意味は，① 訴訟における証明責任の転換と，② 制度におけるそれとがあり，予防原則に関連して言われるのは主に後者である。また，後者にも(a) 規制者が制度設計をする段階で当該活動・物質が有害であることを完全に証明しなくてもよい，(b) 被規制者が製品・技術の安全性を証明する，(c) 事業者に判断の基礎となる情報の提出を求める，という三つがある（小島・同上，150-151頁）。本章では最も中心的な②(b)を念頭に置く。

21　Morris, J., "Defining the precautionary principle", in Julian Morris (ed.), *Rethinking Risk and the Precautionary Principle* (Butterworth-Heinemann, 2000) at 1.

22　サンスティーン著，田沢訳・前掲注（12）131項。

務説」)，③②に加えてリスク活動を行う者に証明責任を転換する（以下「証明責任転換説」)，というRogersによる三つの分類もある。

いずれにしても，規制者の裁量の大きさ（義務か許容か）と証明責任転換の有無が分類のポイントとなり，義務説と強い予防原則，許容説と弱い予防原則は，ほぼ重なり合っており，義務説と強い予防原則の例としては1998年のウィングスプレッド宣言が，許容説と弱い予防原則の例としては1987年の北海保護に関する閣僚宣言，1990年のベルゲン宣言，1992年のリオ宣言，2000年の欧州委員会コミュニケーション等が，ほぼ共通に挙げられる。

これらの分類とは関係はないが，大塚直氏は，「予防原則の最も大きな意義は，潜在的な科学的に不確実なリスクについて配慮する義務を，国及び当該リスクの発生者（主に事業者）に課する原則である[23]」とするとともに，科学的不確実下で裁量が広くならざるをえない中でその行使に「リスクが小さい場合と同じ扱いをしない」という方向付けを与えるとする考え方（以下「裁量方向付け説」という[24]）を述べている。また，赤渕芳宏氏は，予防原則の機能について，因果関係における科学的不確実性の故に立法の合理性が十分説明できない場合にこれを補完する機能を有する（以下「合理性補完説」という)，とする[25]。

各説に基づく検討

以上の諸説各々に立って，批判(b)（無益論）及び批判(c)（論理的矛盾論）に対する反論の可能性について考える。

(ア)　義務説・許容説

まず義務説では，予防原則の発動が即，目標リスク削減のための何らかの予防的措置の採用を命令する。その結果生じる対抗リスクに向けても予防原則は直ちに予防的措置を命じることになる。後者の予防的措置は，目標リスクに向けた予防的措置を否定する措置（撤回命令）となるとすれば，批判(b)（無益論）

23　大塚直「予防原則・予防的アプローチ補論」法学教室No.313（2006年）75頁。

24　大塚直「予防原則の法的課題」植田和宏・大塚直監修，損害保険ジャパン・損保ジャパン環境財団編『環境リスク管理と予防原則』（有斐閣・2010年）311-312頁。

25　赤渕芳宏「学習院大学大学院法学研究科法学論集12　欧州における予防原則の具体的適用に関する一考察——いわゆるRoHS指令をめぐって」（2005年）399-398頁。

及び批判(c)（論理的矛盾論）がほぼ当てはまるように思える。Sunsteinの批判が，主に義務説又は「強い予防原則」に向けられているのも，この理由からである。

しかし，次のような反論が考えられる。対抗リスクに向けての予防的措置は，必ずしも目標リスクに向けた予防的措置を完全に否定する措置（撤回命令）となるとは限らず，代替方策の検討がありうるだろう。例えば，GMOの生態系リスクを目標リスクにしてこれを予防原則に基づき禁止し，その結果リスクトレードオフによって食糧不足という対抗リスクが発生するとする。これにも予防原則が適用される結果としてとられる措置には，「GMO禁止の撤回」という措置もある（これだと「役に立たない」「矛盾・麻痺」になる）が，「GMO以外の食糧増産対策」という代替方策もありうるだろう。そういう意味では，論理必然的に「役に立たない」「矛盾・麻痺」になるとは限らないともいえる。ただし，代替方策は措置の撤回よりも経済的社会的費用が高く事実上採用が困難なこともあるから，この反論は常に有効とは限らない。

許容説では，予防原則が直ちに何らかの措置に結びつくわけではない（したがって，必ずしもリスクトレードオフ発生につながらない）ことから，義務説のように「役に立たない」「矛盾・麻痺」となるわけではない。目標リスクへの予防的措置と，対抗リスクへの予防的措置（先の予防的措置の撤回）とが両方許容されている状態は，当該措置を採用するかどうかが裁量の範囲にある状態と考えることができる。

⑴　裁量方向付け説・合理性補完説

裁量方向付け説では，リスクトレードオフの場合に予防原則は，まず目標リスクへの対応に関する裁量の行使に方向付け（リスク小とはしない）を与え，その結果とることになった予防的措置に伴ってリスクトレードオフが発生する場合，やはり対抗リスクへの対応に関する裁量の行使にも方向付け（リスク小とはしない）を与えることになるだろう。目標リスクと対抗リスクの双方についてリスク小とはしないという裁量行使の方向付けを要請することは，「役に立たない」「矛盾・麻痺」とはいえないだろう。目標リスクと対抗リスクの双方についてリスク小とはしないという裁量行使の方向付けがなされているという事態は，目標リスクと対抗リスクの双方ともに小さくなく，かつ科学的確実であるという場合における裁量判断と同じ状況であり，どちらのリスクを重視して対応するかは，リスク管理の一般的な原則に従って進められると考えることができる。

合理性補完説でも，目標リスクと対抗リスクの双方について科学的不確実性があっても合理性が補完される結果，同様のことがいえる。

(ウ)　証明責任転換説・強い予防原則

証明責任転換（「強い予防原則」）説に立てば，リスク活動を行う者はその安全性について証明責任を負う（その活動についてリスクがないことを証明しなければ，その活動は禁止される）一方で，その証明ができない故にその活動を禁止される結果生じる対抗リスクの安全性についても証明責任を負う（活動をやめることについてリスクがないことを証明しなければ，やめることもできない）ことになる。GMOの事例で言えば，GMO開発者は，GMOの生態系等への悪影響がないことを証明しなければ開発・製造を禁止される一方，もし禁止されたときに食糧不足等のリスクが生じないことも証明しなければ開発・製造を中止することもできないという事態となる。予防原則がこういう事態をもたらすものだとすれば[26]，「役に立たない」や「麻痺」との批判は免れないと思われる。

以上のように，批判(b)（無益論）及び批判(c)（論理的矛盾論）が当たっているかどうか，これらの批判を回避できるかどうかは，予防原則の概念なり意義をどう考えるかによるということがいえる。

4　まとめ

1　まとめ

リスクトレードオフとの関連で，予防原則に対して問題提起や批判がなされてきている。それは3点あり，第一に，予防原則の適用によってリスクトレ

26　「証明責任」といっても，どの程度の証明を要求するかによって結論は異なるだろう。単に情報提出責任（前掲注（20））とする場合は，批判(b)（無益論）及び批判(c)（論理的矛盾論）は当たらないだろう。

ードオフが生じ，かえってより大きな害悪を生むことがあるという指摘である（現実的弊害論）。第二に，トレードオフ関係にある二つのリスクを前にして，予防原則はどちらのリスクを回避するかの指針を示さず役に立たないという指摘である（無益論）。第三に，予防原則に反することを予防原則自体がもたらし，予防原則で要求される措置そのものを同時に禁止するから「矛盾，麻痺」であるとの指摘（論理的矛盾論）である。

このうち，現実的弊害論は，予防原則に基づく措置の合理性を確保する上で十分に留意しなければならない重要な指摘であり，「目標リスクだけでなく対抗リスクにも目配りして対応を検討する」という運用を図る必要がある。ただ，リスクトレードオフによる対抗リスクの存在を無視してはいけないということは，予防原則の運用のあり方の問題であり，予防原則自体への問題提起ではない。

予防原則の意義自体にかかわる無益論及び論理的矛盾論については，予防原則の概念をどのように考えるかによってこれらへの反論の可能性が異なる。義務説や証明責任転換（「強い予防原則」）説に立つと，こうした批判を回避することがかなり困難となるか，又は反論が限定的なものとなるといわざるをえないが，許容説や弱い予防原則又は（義務・許容等との分類とは別に）裁量方向付け説や合理性補完説に立てば，こうした批判は当てはまらないといえる。

2　含意と課題

以上のようにリスクトレードオフに関連する予防原則への諸批判は常に当たっているとは必ずしもいえないものの，リスク管理において目標リスクだけでなく対抗リスクにも目を配ることの重要性という，これら諸批判に共通する指摘は，予防原則適用に当たって十分に留意する必要があることは確かである。同時に，予防原則の概念定義を論ずる際には，無益論及び論理的矛盾論のような疑問・批判に十分に耐えうるものとすることが，予防原則の法原則としての確立のために必要である。

今後の課題として1点挙げておきたい。予防原則の適用が主張される場合に特定のリスクのみの排除を目的とする傾向があること，リスクトレードオフを軽視した対応が原因で人命が奪われた事例が少なくないこと，リスクトレードオフの発生は環境問題では起こりやすいとされること[27]等を踏まえれば，従来の予防原則の一般的定義が目標リスクにのみ焦点を当てたものになっていることに再考の余地があるのではなかろうか。例えば，リオ宣言15原則は，「費用対効果」の考慮を謳っているのみで，リスクトレードオフの考慮は明示的には含まれてはいない。予防原則の適用に当たってリスクトレードオフに配慮する必要性を，予防原則の定義自体の中において明確な形でビルトインしておくことが検討されていいのではなかろうか。

27　中西・前掲注（5）164-165頁。

第5章
環境リスク管理における一貫性原則

1　本章の課題

東日本大震災に伴う福島第一原発の事故によってもたらされた食品中の放射性物質汚染への対応として，食品中の放射性物質の基準値が，年間1ミリシーベルトを基準にして設定されている。単純計算で生涯100ミリシーベルトとして，これによるがん原因の死亡リスクは最大約0.5%上昇する程度である。野菜嫌いや受動喫煙のリスクは，これと同程度であり，運動不足や塩分の摂りすぎのリスクは200-500ミリシーベルトの被ばくに，喫煙や毎日3合以上飲酒した場合のリスクは2000ミリシーベルト以上の被ばくに相当する，とされている。しかも我々は，もともと自然界から年間数ミリシーベルトを被ばくしている。このように，原発事故で発生した放射性物質による発がんリスクだけが厳格に規制される一方で，他の同程度又ははるかに高い発がんリスクや他の種類の健康リスクが許容されている[1]。

この例のように，環境又は健康関連のリスク（以下「環境リスク」という）のなかで，ある種のリスクについては厳しく制限されている（受け容れられるリスクの水準が低い）一方で，別のリスクについては規制が甘い（受け容れられるリスクの水準が高い）まま許容又は放置されている状況は珍しくない。発がん性汚染物質の規制基準が許容するリスク水準と，交通事故の現状リスク水準に

1　中川恵一東京大学放射線科准教授談，『産経新聞』2011年6月9日。

は格段の開きがある[2]のも，その一例である。このような実態を法学上どのように考えるべきか。

環境リスクへの規制水準（許容水準）がさまざまなリスク状況の間で異なっていることについて，不公平又は恣意的と感じるのはもっともなことであり，そうした差のある状況の回避を一定条件下で要求するのが一貫性（consistency）原則[3]である。さりとて，一貫性をあらゆるリスク状況間に要求すること，特に，事故による被ばくによるリスク要因と，自ら進んで受け容れているリスク要因とを単純に比較することは，必ずしも適切ではないという問題もある。

環境リスク管理の合理性を確保する上で一貫性原則の適切な運用が重要であり，同原則の内容の明確化を図ることが必要と考える。

以下においては，EU及びWTOの判例などにおける一貫性原則の現状を整理し，適用要件その他の課題について考えることとしたい。

2　EUの状況

1　欧州委員会

欧州委員会は，2000年の「予防原則に関するコミュニケーション」[4]（欧州委員会のコミュニケーション）の中で，環境リスク管理に適用される一般原則として，「比例性」，「無差別」[5]とともに「一貫性」を挙げ，「措置は，同様な状況においてすでにとられている措置，又は，同様のアプローチを用いている措置と一貫しているべきである」（para. 6.3.3）としている。

2　発がん性化学物質の規制基準は生涯リスク10^{-5}から10^{-6}であり，交通事故の死亡リスクは10^{-2}（日本リスク研究学会編『増補改訂版　リスク学事典』（阪急コミュニケーションズ・2006年）254頁〔内山巌男執筆〕による)。

3　「整合性（原則）」と呼ばれることもあり，SPS協定5条5項（後述）の“consistency”の外務省による公定訳も「整合性」であるが，本稿では「一貫性（原則）」で統一する。

4　本文に引用した部分は，予防原則に基づく措置だけでなく，あらゆる環境・健康リスク管理措置に適用される一般原則として記述されている。

5　「無差別」については，「客観的理由がない限り，同様な状況は異なるように取り扱われるべきではなく，異なる状況は同様に取り扱われるべきではない」（para. 6.3.2）と説明があり，「一貫性」と類似するが，両者の関係は明らかではない。

2 EU裁判所

一貫性原則に関連すると思われるEU裁判所の2ケースを以下において検討する。

まずPfizer事件[6]である。これは，共同体機関の措置について欧州第一審裁判所で扱われたケースである。欧州委員会は，家畜の成長促進剤としてのバージニアマイシンの使用によって耐性菌が人へ伝搬し薬剤が効かなくなるリスクがあることを理由に，その認可を撤回（つまり禁止）する措置をとった。この措置の取り消しを求めてPfizerが提訴したのであるが，その中でPfizerは，耐性菌の増殖は人の医薬における抗生物質の過剰な処方こそが主な原因であり，この大きく明確なリスクを放置する一方で，小さく不確実なリスクしか伴わない家畜成長促進剤としてのバージニアマイシンを規制のターゲットに選び出したという点において明白に不適切である，と主張した。これについて判決は，バージニアマイシンの禁止という措置を容認した。ここにおいて裁判所は，一貫性原則を厳格には適用していないと思われるのである。

次に，デンマーク対欧州委員会事件[7]である。これは，調和分野における加盟国のより厳格な措置について欧州司法裁判所で扱われたケースである。EC条約上，共同体の調和措置が存在する場合にも加盟国は一定の要件の下にそれよりも厳格な措置を維持すること（調和措置からの逸脱）が可能であり（95条4項）[8]，その場合欧州委員会から「加盟国間の貿易に対する恣意的な差別又は偽装された制限であるか否か」などの観点からの確認を経て承認を受けることが必要である（6項）。デンマークは，食品添加物の亜硫酸塩[9]に関してEUのルールよりも厳格な措置を維持しようとした。ただ，デンマークの措置は，EUルールでは認められている多くの食品中の亜硫酸塩の使用を制限する一方で，デンマーク人の主要な亜硫酸塩摂取源であるワイン中のその使用は放置した。欧

6　Case T-13/99

7　Case C-3/00, Kingdom of Denmark v. Commission of the European Communities [2003] ECR I-2643.

8　本文引用の条約条文は，リスボン条約による改正前のEC条約の条文番号である。

9　酸化防止剤として使用される。

州委員会は，デンマークの措置が「恣意的な差別」であるとし，この逸脱を否認した。この欧州委員会決定の取り消しを求めてデンマークが提訴したものである。この事件の状況はPfizer事件と類似するが，裁判所の判決は逆で，欧州委員会の否認決定を支持した[10]。

以上の判決や批評において本稿のテーマである「一貫性原則」という用語が明示的に使用されているわけではないが，議論の対象はまさに一貫性原則であるといってよいであろう。そして，一部ではあるが，一貫性原則の考え方が条約の解釈・適用に影響を与えている場合があるといえる。

3　WTOの状況

WTOのSPS協定（Agreement on the Application of Sanitary and Phytosanitary Measures；衛生植物検疫措置の適用に関する協定）[11]は，加盟国の採用するSPS措置（人のための食品安全措置及び動植物のための有害動植物・病気からの保護措置）についての規律を定めているもので，そのなかに一貫性原則の明文の規定が置かれている。SPS協定第5条5項は，「人の生命若しくは健康又は動物及び植物の生命若しくは健康に対するリスクからの「衛生植物検疫上の適切な保護の水準」の定義の適用に当たり一貫性[12]（consistency）を図るため，各加盟国は，異なる状況において自国が適切であると認める保護の水準について恣意的又は不当な区別を設けることが，国際貿易に対する差別又は偽装した制限をもたらす

10　Zanderは，リスクのターゲッティング（対処すべきリスクの決定）という観点からこれら2ケースを含むいくつかの判例を批評し，① EUの裁判所は，共同体機関の措置については審査を制限する一方，加盟国がEC条約95条（TFEU114条）4項に基づき共同体の調和措置よりも厳しい措置を維持したい場合はリスク規制の一貫性を強く要求していること，② こうした状況は，EU域内市場の統一のために調和措置からの逸脱は厳格でなければならないという考え方と関連することを指摘する。Zander, J., *The Application of the Precautionary Principle in Practice* (Cambridge University Press, 2010) at 142-148.

11　SPS協定の適用範囲には，食品リスクのほか，動植物の保護に関連する環境由来リスクも一部含まれるが，広く環境リスク全般を対象とするものではない。

12　前掲注（3）参照。

ことなる場合には，そのような区別を設けることを回避する。加盟国は，この5の規定の具体的な実施を促進するための指針を作成するため，第12条の1から3までの規定に従って委員会において協力する。委員会は，指針の作成に当たり，人の健康に対するリスクであって人が任意に（voluntarily）自らをさらすものの例外的な性質を含むすべての関連要因を考慮する」と規定する。

このようにSPS協定では，問題とすべき一貫性を「適切な保護の水準」（受け容れられるリスクの水準）[13] の一貫性ととらえる。WTO上級委員会は，EC・ホルモン牛肉規制事件[14]及びオーストラリア・サーモン検疫事件[15]を通じて，5条5項違反を構成する3要素を特定した。すなわち，「適切な保護の水準」に関して，① 異なる保護水準が「比較可能な」異なる状況において採用されたこと（第一の要素），② その保護の水準の区別が「恣意的又は不当」であること（第二の要素），③ その保護の水準の区別が「国際貿易に対する差別又は偽装した制限」をもたらすこと（第三の要素），という三つの要素がすべて満たされれば5条5項違反と認定される。このうち，第一の要素については，食品リスクについては共通の要素があれば比較可能であり，また病気由来リスクについて「同一の若しくは同様の病気の侵入，定着若しくはまん延のリスク」，又は「同一の若しくは同様の潜在的な生物学的及び経済的影響に関連するリスク」のいずれかを含む場合は「比較可能」である。また，第二の要素については，保護の水準の区別のための何らかの正当な理由が存在するかどうかが問題となるという判断基準を示した。

EC・ホルモン牛肉規制事件では，ECが発がん性のリスクを理由に成長促進目的の三つの天然ホルモン及び三つの合成ホルモンを使用した牛肉と牛肉製品の流通と輸入を禁止する一方で，「食品中の内生天然ホルモン」などについては規制せず，保護の水準に区別があった。米国とカナダはECの輸入禁止措置

13　SPS協定は，「適切な保護の水準（appropriate level of protection）と「受け容れられるリスクの水準」（acceptable level of risk）とを同義としている（附属書A(5)）。

14　Report of the Appellate Body: EC – Measures Concerning Meat and Meat Products (Hormones), AB-1997-4, WT/DS48/AB/R (Jan. 16, 1998).

15　Report of the Appellate Body: Australia – Measures Affecting Importation of Salmon, AB-1998-5, WT/DS18/AB/R (Oct. 20, 1998).

をSPS協定違反としてWTOに提訴した。結論的にWTOは，これらの保護の水準の区別について，5条5項違反ではないと判断した。このうち「成長促進目的の天然・合成ホルモン」と「食品中の内生天然ホルモン」との区別について，WTO上級委員会は，後者の規制が「自然及び人々の通常の生活への政府の全面的かつ大規模な介入を伴う」ことになることを理由に，この区別が第二の要素（恣意的又は不当）に該当しないとした（para. 221）ことが注目される。このことは，リスク規制の困難度の差が，保護の水準の区別を正当化する理由になりうることを示唆しているといえよう。

さらに，オーストラリア・サーモン検疫事件では，オーストラリアのとっていた措置が，ある特定の病原体を理由としてサーモンは輸入禁止する一方で，同じ病原体の宿主となることが知られている釣り餌用の冷凍ニシンや生きている観賞用魚は輸入可能というように，保護の水準に区別があったことをカナダが提訴し，結論的にWTOは，こうした保護の水準の区別が上記第一～第三の要素をすべて満たすとし，5条5項違反と判断した。

以上のように，WTOではSPS協定に関して一貫性原則の適用要件の明確化に努めるとともに，一貫性原則違反となる範囲をかなり限定しているといえる。

4 考　　察

1　内容，適用要件と定義

EU裁判所の一貫性原則についてのとらえ方は必ずしも明確ではないが，EC条約の解釈において同原則の考え方が反映されているといえる。WTOでは，SPS協定に限定されてはいるが一貫性原則の明文の規定があり，これに照らして協定違反の判断を示している事例もある。これらのことからEUやWTOの環境リスク管理における一貫性原則は，法原則として法の適用又は法解釈上の指針になっており，また一定程度の法規範性を有するものとなっているといえるのではなかろうか。ただし，法規範性が認められる範囲はごく限定的であって，また法規範性の程度についても相当に限定的である。

環境リスク管理における「一貫」性とは何が一貫していることなのかを明確

にする必要がある。EUでは明示的ではないが，WTO／SPS協定では，「適切な保護の水準」（受容リスクの水準）の一貫性であることを明確にしており，この定義は，環境リスク全般について当てはめてもいいのではなかろうか。端的にはリスクの大きさを一定の水準で揃える（受け容れられるリスクの水準を一定にする）ということである[16]。もちろん，すべてのリスクについて一貫性を要求することは無理があるから，適用要件が問題となる。

適用要件については，SPS協定の規定に関して解釈されているように，一貫性原則はさまざまな状況間での受け容れられるリスクの水準についての区別を全く否定するものではなく，恣意的又は不当な区別だけを問題にするものであると考えることは，広く受け容れられるのではなかろうか。

以上をもとに，環境リスク管理における一貫性原則とは「環境リスク管理措置をとるに当たり，ターゲットとする状況と同様なリスクが関連する他の比較可能な状況との比較において，受け容れられるリスクの水準について恣意的又は不当な区別を設けないこと」と一応の定義をしておくこととしたい。

2　区別が正当化される理由

受け容れられるリスクの水準の恣意的又は不当な区別が問題だとして，ではどういう場合が恣意的又は不当なのか，逆に言うと区別が正当化されるのはどういう場合なのかを可能な限り明確にすることが必要になってくる。

この問題については，すでに桑原勇進氏が整合性・一貫性原則の留意点として挙げていることが重要な手がかりを提供している。桑原氏は，① リスクの大きさとリスクの法的評価としての重要性とは必ずしも同じではない。例えば，他人から惹起され曝されるリスクは，自ら発生させるリスクよりも法的に制御すべき必要性が高い。② 既に社会的に広く利用されている物質や技術とこれから新しく実用に供されるものや技術とを同列に論じることはできない。例えば自動車や農薬は，リスクは大きくても，これらの存在が既定事実であること

16　したがって，法学上の一貫性原則は，環境リスクに適用される場合においては，環境経済学や環境リスク論上の等リスク原則（リスク一定の原則・リスクベースト原則）に類似するといえる。

から一律の禁止などをとることは無理がある。逆にまだ現実に利用されていない物質や技術は，リスクが小さくても許容しないとすることができる。③ 同じ大きさのリスクであっても代替手段の存否により対応が異なるべきである。よりリスクが小さく同等の利用価値がある代替手段があるものは，禁止などの措置をとるべきである，という3点を挙げている[17]。

このうちの①は，SPS協定5条5項にも「人の健康に対するリスクであって人が任意に（voluntarily）自らをさらすものの例外的な性質を含むすべての関連要因を考慮する」と明記されていることと一致する[18]。次に②と③は，ともにリスク管理に当たってリスク規制の困難性の違いを考慮する必要性の指摘としてまとめることができるのではないかと考えられる。リスク規制の困難性は，環境経済学でリスク削減費用と表現されるものである[19]。WTOホルモン事件上級委員会が保護水準の区別を正当化する際に理由として挙げた前述の「リスク削減に伴う政府介入の大規模性」も，リスク削減費用の大きいことを指すと理解することができる。

以上述べてきたことは，一貫性原則にはリスク削減の困難性つまりリスク削減費用にリスク（源）間で差があることを考慮できない欠点があることを意味し，一貫性原則を考えるに当たって重要な問題である。リスクの大きさとリスク削減費用とのバランスに基づき，どれに対処するか，どれを優先するかを決定することが望ましいと考えられる。その結果として受け容れられるリスクの水準に区別（一貫性を欠く状況）が生じても問題ないと考えるのである[20]。

受け容れられるリスクの水準の区別の正当化理由（言い換えれば，当該区別が

17　桑原勇進『環境法の基礎理論』（有斐閣・2013年）282-285頁。なお，桑原氏は，これ以外に四つ目として「制御の困難性の考慮」を挙げているが，同氏自身も言及のとおり，適正な管理が困難な場合というのはリスクが大きいということであり，一貫性原則とは切り離して考える方が適当と思われる。

18　一般的にvoluntaryなリスクはinvoluntaryなリスクに比較して100～1000程度大きなリスクでも許容される（日本リスク研究学会・前掲注（2）254頁）とされている。

19　岡敏広『環境政策論』（岩波書店・1999年）56-58頁。この費用は社会的費用であり，機会費用である（同57頁）。これはまたリスクに伴う便益（リスク削減によって失われる便益）でもあると説かれる。

恣意的又は不当ではないと判断される事由）には，voluntarilyに自らをさらすかどうかというリスクの性質の違い[21]，及びリスク削減費用の違い，という2類型の存在を特定できたが，これらをより精緻化するとともに，このほかにどのようなものがありうるかを明らかにし，できるだけ類型化していく作業が引き続き必要である。

3　比例原則との関係

前項で述べてきた「リスク削減費用の差の考慮は，一貫性を欠く状況の正当化理由となる」ということは，一貫性原則と比例原則（必要性原則）との関係についての考察を要求すると考えられる。比例原則は，適合性，必要性及び狭義の比例性という三つの部分原則から構成されるが，そのうち必要性原則は，環境リスク規制においては「同等の保護の水準を達成する措置の中で，より負担の小さいものを選択すべき」ということを意味する[22]。「より負担の小さいもの」はリスク削減費用のより小さいものと重なることが多いと思われることから，必要性原則はリスクの大きさとその削減費用とのバランスに基づく対応（ひいては一貫性に反する対応）を要請することがありうる（その可能性が高い）だろう。このことは，一貫性原則と比例原則[23]との緊張関係の存在を表しており，リスク削減費用の差の考慮による一貫性原則の修正はその限りで一貫性原則に対する比例原則の優位性を含意するといえよう[24]。

20　環境経済学では，リスク削減費用を反映させてリスク管理を行う考え方は「リスク便益原則」，その方法は「リスク便益分析」と呼ばれる。岡・前掲注（19）59頁ほか参照。

21　その意味において，本章冒頭に挙げた原発事故による放射性物質のリスクとその他のリスクとの扱いの違いは，一般的には正当化されるだろう。ただし，受動喫煙のリスクが放置されている現状は正当化されるのか疑問なしとしない。

22　欧州委員会のコミュニケーションpara. 6.3.1.

23　主として必要性原則が関係するが，狭義の比例原則も無関係ではないと思われる。

24　環境経済学において，等リスク原則はリスク間でのリスク削減費用の差を考慮できない難点があるためリスク便益原則が登場したと説明される（植田和弘『環境経済学』（1996年・岩波書店）146頁，岡・前掲注（19）54-55頁）。この環境経済学上の等リスク原則とリスク便益原則との関係は，法学上の一貫性原則と比例原則との関係に類似する。

4　行政裁量論との関わり

行政の執行の段階に一貫性原則の適用を考える場合，わが国においてこれまで論じられてきた行政裁量論との関わり，特に審査基準における位置づけを検討する必要がある。

裁量権の逸脱・濫用の審査基準については，従来から，① 事実誤認，② 目的・動機違反，③ 信義則違反，④ 平等原則違反，⑤ 比例原則違反，などが挙げられてきたが[25]，一貫性原則は，これらと並ぶ実体的違法性審査基準としての位置づけが与えられるべきかどうかが一つの問題である[26]。

次に，近年の判例によって採用されている判断過程審査については，「判断要素の選択や判断過程に合理性を欠くところがないかを検討し，重要な事実の基礎を欠くか，又は社会通念に照らし著しく妥当性を欠く場合」に違法となるとされ，その具体的な下位基準として，重視すべきでない考慮要素の重視（他事考慮），考慮した事項に対する評価の明白な合理性の欠如，当然考慮すべき事項を考慮しないこと（考慮不尽）が挙げられている[27]。環境リスク管理についてこうした基準による審査がなされる場合を考えると，行政庁の政策的な裁量判断を尊重せざるをえないことが多いのではないかと思われる。例えば，リスクは高くても社会の進歩のためにこれは受け容れようとか，あるいは逆にリスクは高くないが社会の安定のためにこれは排除しようという具合に，さまざまな利害の調整・価値衡量の下に政策的判断として受け容れられるリスクの水準にかかる意思決定が民主的に正当に行われる場合，一貫性を欠くと思えるようなものであっても，政治的責任を負わない司法はそのような意思決定を基本的

25　櫻井敬子・橋本博之『行政法』（2009年・弘文堂）116-118頁。

26　比例原則違反については，その違反の程度が一定程度以上重くなければ，違法事由にならないとされており（櫻井・橋本・前掲注（25）118頁），一貫性原則違反が違法事由になるとする場合もこれと同様と考えられる。

27　最判平成18.2.7。櫻井・橋本・前掲注（25）120-121頁。なお，判断過程審査には，判断過程の合理性ないし過誤・欠落の審査を行うもの（判断過程合理性審査）と考慮要素に着目した審査（考慮要素審査）という二つの類型があることなど，判断過程審査の現状について，村上裕章「判断過程審査の現状と課題」『法律時報』85巻2号（2013年）10-16頁。

には尊重すべきであると考えられる。ただ基本はそうであっても，合理的な決定が必ずしも担保されない政治・政策のありようを踏まえると，「重要な事実の基礎を欠くか，又は社会通念に照らし著しく妥当性を欠く場合」かどうかについての審査の中で，比例原則[28]とともに一貫性原則を考慮要素に含めることが検討されるべきであろう。

5　科学的不確実性・予防原則との関係

環境リスク管理における一貫性原則は，端的にはさまざまなリスク状況についてリスクの大きさを一定の水準で揃える（受け容れられるリスクの水準を一定にする）という意味であるから，科学的不確実性のある場合には，その厳密な適用は困難となる場合があることは確かである。しかしながら，科学的不確実性のある場合にも十分役割を果たすことはできる。例えば，さきに紹介したWTOのEC・ホルモン牛肉規制事件で，ECが成長促進目的の天然・合成ホルモン（禁止）とそれ以外の同種のホルモン（許容）とを規制上区別したことについては，結論としてはSPS協定5条5項違反を免れたものの，一貫性原則違反がぎりぎりまで問われた。これは科学的不確実性のあるリスクについてであった。また，リスクトレードオフが発生する場合に，科学的不確実性のある目標リスクにのみ予防原則を適用して規制し，対抗リスクには予防原則を適用せずに無視するという態度は，一貫性原則から問題があるといえるだろう。このように，一貫性原則は，予防原則を適用してとられるリスク管理措置の合理性を担保する手段の一つとして，比例原則などとともに重要な役割を果たすことができると思われるし，またそういう役割を果たせるような原則にしていくべきであると考える。

28　比例原則が最近の判例の判断過程審査における考慮要素の中に織り込まれていることについて，高橋明男「比例原則審査の可能性」『法律時報』85巻2号（2013年）21頁。

第3部

予防原則の適用要件

第6章 予防原則の適用のための「損害のおそれ」要件
――EUの「保護の水準」アプローチの含意

1 本章の課題

予防原則の代表的な定義とされる「環境と開発に関するリオ・デ・ジャネイロ宣言（リオ宣言）」（1992年）の第15原則は，「深刻な又は回復不可能な損害のおそれがある場合には，完全な科学的確実性の欠如が，環境悪化を防止するための費用対効果の大きな対策を延期する理由として使われてはならない」と規定する。これを含めさまざまな条約や国際的文書等において見られる定義から，予防原則の適用要件として「科学的不確実性」要件とともに挙げられるのが，「損害のおそれ」（潜在的損害）要件である。

「損害のおそれ」要件については，上記リオ宣言第15原則のように「深刻な又は回復不可能な」という限定をつける例が多く，学説上も有力である。典型例としては，気候変動に関する国際連合枠組条約（1992年）が挙げられ，その3条3項には，上記リオ宣言第15原則とほぼ同じ文言が見られる。地球温暖化は，水（干ばつの増加等），生態系（種の絶滅），食糧（生産の減少），沿岸域（洪水等），健康（感染症の増加等）など各方面において影響が懸念され，科学的不確実性があるものの放置しておくと「深刻な又は回復不可能な」損害のおそれがあるとして，各国で対策が進められている。

他方，欧州委員会の「予防原則に関するコミュニケーション」（以下本章において「コミュニケーション」という）の定義は少々異なる。これによれば，予防原則は，「科学的証拠が不十分か，決定的でないか，又は不確実である場合で，環境，人，動物又は植物の健康への潜在的に危険な影響が，選択された保護の水準に合致しない可能性があるという懸念に合理的な理由があることを，暫定的な客観的科学的評価が示している場合」（para. 3）に適用されるという。例えば，このコミュニケーションの定義を，EUの予防原則適用の代表事例といえる遺伝子組換え体（GMO）の規制に当てはめてみると，「EUはGMOについて極めて高い保護水準を選択している（詳しくは本章第4節で述べる）。科学的不確実性はあるものの，GMOの生態系等へのリスクはこの高い保護の水準に合致しないおそれがある。したがって，予防原則が適用され，安全であることが証明された場合にのみ環境放出を承認するという規制をとっている」という説明になるであろう。

しかし，コミュニケーションの定義でキーワードとなる「選択された保護の水準」とはどういうものか，「潜在的リスクが選択された保護の水準に合致しないとの懸念」とは，一般的な予防原則の適用要件である「損害のおそれ」要件のことを指しているのかどうか，そうだとして従前の「深刻な又は回復不可能な」の要求をどう考えるのか等について，この文書は何ら説明を行っていない。

コミュニケーションによる予防原則の上記定義に関して，コミュニケーションを分析対象に取り上げた先行研究がどのような批評をしているかを見てみる。

Bergkampは，「（コミュニケーションの予防原則の）定義は，非常に多くの曖昧な用語（「不十分な」，「決定的でない」，「不確実である科学的証拠」，「合理的な理由」，「選択された保護の水準」）を含むゆえに，予防原則は望まれる結果を正当化するためにほとんどいつでも発動することができる。その定義は，ご都合主義であるように思われる」[1]と批判する。Zanderも，Bergkampを引用しつつ，コミュニケーションの定義は予防原則の適用のための具体的要件をほとんど説明していないとする[2]。

Fisherは，「行動するか行動しないかという決定……は，欧州委員会によれ

1　Bergkamp, L., “*Understanding the precautionary principle*（*Part I*）” in Environmental liability, Vol. 10, 1（Hunton & Williams, 2002）at 21.

2　Zander, J., *The Application of the Precautionary Principle in Practice*（Cambridge University Press, 2010）at 93, 101.

ば『受け容れられるリスク』に直接関連した政治的な決定である。しかしながらこの概念について説明はほとんどなされていない」と批評する[3]。さらにMcNelisは,「憂慮すべきその一つの要素は,『選択された保護の水準』の決定である。欧州委員会によれば,自身が環境保護,人間,動植物の健康に関して適切と考える保護の水準を定める権利を有するとされ,保護水準の選択はまったくオープンになっている。当局は,含まれるリスクへの比例性と離れて保護水準を採択することができ,『比例原則』はこの点に関し制約となっていない。選択された保護水準が問題のリスクと比例的かどうかの疑問がある。リスクが100万分の1であるときに非常に高い保護水準を目的とすることは適当なのか？」と疑問を呈する[4]。

以上のようにこれらの先行研究は,コミュニケーションにおいて「選択された保護の水準」や「受け容れられるリスクの水準」の定義が不明確であること,又はその設定に制約を課していないことを問題とし,そのことゆえに予防原則の発動又は予防原則に基づく措置に制約が乏しいことを懸念する。

筆者は,予防原則に関するコミュニケーションの定義によれば予防原則の発動又は予防原則に基づく措置に制約が乏しくなるという指摘はそのとおりであると考えるが,これらの先行研究においては,従来の「深刻又は回復不可能な損害のおそれ」アプローチとの関係の説明及び比較検討がなされていないため,コミュニケーションのアプローチの含意が十分に解明されていないように思われる。

本章の課題は,予防原則の適用を「選択された保護の水準」を基準にして考えているコミュニケーションのアプローチと,従来の定義が採用している「深刻又は回復不可能な損害のおそれがある」のアプローチとの関係の分析により,コミュニケーションのアプローチの含意を解明することを通じて,予防原則の適用要件の二本柱の一つである「損害のおそれ」要件のあり方についての議論

3　Fisher, E., "The European Commission's Communication on the Precautionary Principle", 12(3) *Journal of Environmental Law* (2000) at 403.

4　McNelis, N., "*EU Communication on the Precautionary Principle*", Journal of International Economic Law (2000) at 550.

に資すること，並びに予防原則の適用と保護の水準との関係をどのように考えるべきかについて考察することである。

本章の構成は次のとおりである。第1節では，予防原則を規定する各種条約や国際的文書等における「損害のおそれ」要件の状況を概観するとともに，対象となる損害の限定のために多くの条約や学説等で用いられている「深刻な又は回復不可能な」の意味と判断要素について検討する。第2節では，コミュニケーションが予防原則の適用要件としての「損害のおそれ」要件をどのように理解しているのかについて検討する。第3節では，コミュニケーションの「選択された保護の水準に合致しない可能性」アプローチと従前の「深刻な又は回復不可能な損害のおそれ」アプローチとを比較し，相違を明らかにするとともに，実際の予防原則の適用場面でどのように異なってくるかを，遺伝子組換え体（GMO）規制に当てはめてみて検討する。最後に第4節で，コミュニケーションのアプローチの含意と問題点についてまとめる。

2　「深刻な又は回復不可能な」損害のおそれ

1　「損害のおそれ」要件についての条約，学説等の状況

予防原則が，環境損害すべてのレベルをカバーするかどうかについて，予防原則を規定する条約や国際文書，学説や判例の状況を整理することにする。

条約等の状況

(ア)　損害の基準の状況

予防原則の適用要件の一つである「損害のおそれ」要件については，前述リオ宣言第15原則をはじめ「深刻な又は回復不可能な」を要求するのが一般的であるが，実際にはそれ以外のパターンがあることが，すでに岩間徹氏[5]によって明らかにされている。予防原則を規定する条約等のうちいくつか代表的なものを表6-1に例示してみた[6]。

「相当の」，「深刻な」又は「回復不可能な」というような何らかの限定詞の

5　岩間徹「国際環境法上の予防原則について」『ジュリスト』No.1264（2004年）55頁。

形で基準を設ける意味は，こうした基準を満たさない損害を予防原則の対象から除外することである。そのような基準を設ける理由は，「人間の活動はすべて，環境への影響をもたらすものであり，人間による汚染は避けられない」という事実にあり，「この基準は合理的に定めなければならず」，このことを認識しないことには，「予防原則の中にユートピアの要素を導入することになる」[7]からである。また，「深刻な又は回復不可能な」を要件としないと，「無制限に予防原則の対象となってしまい，行政裁量が無限に拡大される」[8]ことから，あるいは「科学の進歩を停滞させないかという議論に対処するためにも」[9]，これを要件とすべきであるというようにも説かれる。

(イ)　損害の限定のないバージョンの解釈

しかし，表6-1にもあるように，損害の程度の限定のないもの，つまり単に「損害のおそれ」「悪影響の可能性」とする例もあり，特に，海洋関連の条約においてはその種の例が少なくないとされている[10]。それでは，これらの条約は，すべての損害を予防原則の対象とするのであろうか。越境損害防止義務（未然防止原則）を規定するストックホルム人間環境宣言（1972年）の第21原則は，「各国は，……自国の管轄権内又は管理下の活動が，他国の環境又は自国の管轄権の範囲を超えた地域の環境に損害を与えないよう確保する責任を負う」と，防止されるべき損害の基準は明記していない。これと同趣旨のリオ宣言第2原則も，同様である。これらは，文言にはないけれども，「相当の」（significant）

6　環境省『環境政策における予防的方策・予防原則のあり方に関する研究会報告書』（平成16年10月）〈http://www.env.go.jp/policy/report/h16-03/mat01.pdf〉の資料1に関係条約が整理されている。

7　Cameron, J., “The Precautionary Principle in International Law”, in Tim O’Riordan, James Cameron and Andrew Jordan (eds.), *Reinterpreting the Precautionary Principle* (Cameron May, 2001) at 117.

8　「予防的方策と環境法（座談会）」『ジュリスト』No.1264（2004年）78頁における岩間氏発言。

9　大塚直「予防原則の法的課題」植田和宏・大塚直監修，損害保険ジャパン・損保ジャパン環境財団編『環境リスク管理と予防原則』（有斐閣・2010年）303頁。

10　同上，Birnie, P. W., and A. E. Boyle, *International Law and the Environment* (Third Edition, Oxford University Press, 2009), at 160.

表6-1　予防原則を規定する条約等における損害の基準

<table>
<tr><th>条約・国際文書名</th><th>損害の基準</th></tr>
<tr><td>リオ宣言（1992年）第15原則</td><td rowspan="3">「深刻な（serious）又は回復不可能な（irreversible）」</td></tr>
<tr><td>気候変動に関する国際連合枠組条約（1992年）3条3項</td></tr>
<tr><td>生物多様性に関する条約（1992年）前文</td></tr>
<tr><td>残留性有機汚染物質に関するストックホルム条約（2001年）8条7項</td><td>「相当の（重大な）」(significant)</td></tr>
<tr><td>第3回北海会議閣僚宣言（1990年）前文</td><td rowspan="3">限定詞なし</td></tr>
<tr><td>北東大西洋の海洋環境保護に関する条約（OSPAR条約）(1992年）2条2項(a)</td></tr>
<tr><td>バイオセーフティに関するカルタヘナ議定書（2000年）10条6項</td></tr>
</table>

（出所）岩間（脚注（5））及び環境省（脚注（6））を基に作成。

ではない損害のリスクには適用されない趣旨であると広く理解されている[11]。これと同様に予防原則を定める規定についても，単に「損害のおそれ」「悪影響の可能性」となっていても，それらの起草者がありとあらゆるマイナーな環境損害に対処することを要求する意図であったと考えることは困難であり，予防原則は，損害のおそれが，少なくとも「相当の」である場合にのみ適用されると有力に説かれている[12]。

学説・判例の状況

主だった論者の予防原則の定義を整理する（下線は，筆者）。

Freestoneは，「予防的アプローチが要求するのは，ひとたび環境損害のおそれが生じた場合，活動の影響について科学的不確実性が依然として存在するとしても，可能性のある環境上の支障を規制し又は削減するための行動をと

11　Trouwborst, A., *Precautionary Rights And Duties of States*, (Martinus Nijhoff, 2006) at 44. 堀口健夫「国際環境法における予防原則の起源――北海（北東大西洋）汚染の国際規制の検討」『国際関係論研究』15号（2000年）41頁。堀口氏によれば，「あらゆる損害を防止する義務は国家主権に過度の制約を課すものであって，国家実行上も否定されてきた」。本文2節に述べるように，ILC防止条文草案（2001年）も，こうした理解に立っている。

るべきであるということである」[13]という。Kiss and Sheltonは，「予防原則は，環境保護措置の一般的な基礎とされているpreventionの最も発展した形として考えられることができる。preventionのように，予防は環境損害を避けることを追求する。しかしそれは，行動しないことの結果が特に深刻でありうる場合に適用する」[14]という。Cameronは，「予防を実施するすべての文書には共通の要素がある。……(1) 規制の不作為が無視できない損害のおそれを引き起こす，(2) 因果関係に関して確実性の欠如がある，(3) そのような状況の下で，規制の不作為が正当化できない」[15]という。Birnie and Boyleは，「国家は，環境保護及び天然資源の持続可能な利用の義務の遂行において，たとえ損害の証拠が未だなくても，深刻な損害のリスクの可能性を示す十分な証拠がある場合には，不作為を正当化するために科学的不確実性に依拠することはできない」[16]とする。

次に，欧州裁判所の判例ではどのような文言を使用しているかを見る。予防原則を表明した判決例として知られる欧州司法裁判所のBSE事件判決[17]及び欧州第一審裁判所のPfizer事件判決[18]はいずれも，「リスクの存在又は程度に関し

12　Trouwborst, *supra* note 11, at 47-50. Trouwborstによれば，「(それらの) 条約等の起草者は，予防原則の適用範囲はできるだけ広くあるべきであって，非常に深刻な損害だけに限定されるべきでないということを意図した。……しかしながら，環境に対するすべての潜在的な損害が予防され削減されることを要求するものと結論づけることは，やはりユートピアのスキームというべきものである」。堀口・前掲注 (11) 41頁は，OSPAR条約について次のように述べている。「条文上は明らかではないものの，OSPAR条約において防止が義務づけられている海洋汚染は，少なくとも一定の重大性を有する損害を意味しているといえよう。また……重大な損害の中でもより深刻度の高い損害のおそれのみが，特に従来の汚染防止義務と区別されて『予防』の対象となるわけではない」。

13　Freestone, D., "THE ROAD FROM RIO: INTERNATIONAL ENVIRONMENTAL LAW AFTER THE EARTH SUMMIT", 6 *Journal of Environmental Law* (1994) at 211.

14　Kiss, A., and D. Shelton, *International Environmental Law* (2nd ed. Transnational Publisher Inc, 1999) at 265.

15　Cameron, *supra* note 7, at 132.

16　Birnie and Boyle, *supra* note 10, at 163.

17　Case C-180/96, para. 99.

て科学的不確実性がある場合，リスクの現実性又は深刻性が完全に明らかになるまで待つことなく」と述べており，また，その後の欧州司法裁判所の欧州委員会対デンマーク事件判決[19]（第3章を参照）は，「市民の健康に対する現実の被害が生ずるおそれがあるとき，予防原則は……」と述べている。このように欧州裁判所は，損害の基準を明確には述べてはいないようである。

以下では，「相当の」，「深刻な」又は「回復不可能な」という，予防原則の対象となる損害の範囲を画する基準がどのような内容を有するかを検討していく。このうち「相当の」と「深刻な」は，ともに重大性を表す指標であるので，まとめて扱い，そのあと「回復不可能な」について検討する。

2 「相当の」損害と「深刻な」損害

「相当の」と「深刻な」の差

国連国際法委員会（ILC）の「危険活動から生じる越境損害の防止条文草案」(2001年)（以下「ILC防止条文草案」[20]）は，越境損害防止義務の対象となる損害の基準として「相当の」(significant）を採用した。第3条は，「原因発生国は，相当の損害を防止し，又はいずれにせよそのリスクを最小化するためにすべての適切な措置をとるものとする」と規定する。同条文草案の注釈によれば，「相当の」は，「検出可能な」(detectable）を超える水準であるが，「深刻な」(serious）又は「重要な」(substantial）水準である必要はない[21]。地球の生態系は一つであって，国境には関係なく各国領域内の合法的活動が相互に影響し合うことから，こうした相互影響は，「相当の」水準に達しない限り受忍されるべきであると述べられている[22]。トレイル溶鉱所事件判決やラヌ湖事件判決では対象となる損害の基準として「深刻な」が採用されていたが，「相当の」はこれを低くしたものである[23]。前述のとおり，越境損害防止義務を規定するストックホルム人間環境宣言21原則及びこれと同趣旨のリオ宣言第2原則は，防止さ

---

18 Case T-13/99, para. 139.

19 Case C-192/01, para. 52.

20 Draft Articles on Prevention of Transboundary Harm from Hazardous Activities, 2001.

れるべき損害の敷居は明記していないけれども，「相当の」ではない損害のリスクには適用されない趣旨と理解されており，上記のILC防止条文草案はこうした理解に沿っている。またILCの「危険活動から生じる越境損害に関する損失配分」原則案（2006年）[24]も，対象とする損害は「相当の」損害を意味するとし，その注釈には「『相当の』の基準は，取るに足らないか又は濫用目的の請求を防止するための要件である」との説明がある[25]。

ILC防止条文草案は，予防原則については注釈で言及し，予防原則の対象となる損害の水準を，「深刻な又は回復不可能な」損害としている[26]。前述の越境損害防止義務（未然防止原則）の場合は「相当の」の基準を用いているのと比べ，差をつけている[27]。

条約においても，例えば気候変動枠組条約は，「気候変動の悪影響」を定義するのに「相当の」有害な影響という文言（1条）を使用しているが，予防原則の規定には「深刻な又は回復不可能な」損害のおそれ（3条3項）と，より高次の基準を設定している[28]。

このように，「相当の」と「深刻な」は，前者の方がより低い基準を表すも

21　Commentary to Article 2, para. 4. 加藤信行「越境損害防止条約草案とその特徴点」『国際法外交雑誌』104巻3号（2006年）32頁，高村ゆかり「国際法における予防原則」植田和宏・大塚直監修，損害保険ジャパン・損保ジャパン環境財団編『環境リスク管理と予防原則』（有斐閣・2010年）164-165頁。“significant”の訳については，「重大な」とする文献がある一方，“serious”を「重大な」と訳す文献もある。本書においては，基本的には加藤氏に倣い“significant”に「相当の」を，“serious”に「深刻な」を当てるが，後述するWTOのセーフガード措置の場合のように特定の法分野で慣用的に別の訳語（「重大な」）が広く使用されている場合にはそれに従う。

22　Commentary to Article 2, para. 5.

23　加藤・前掲注（21）。

24　Draft principles on the allocation of loss in the case of transboundary harm arising out of hazardous activities, 2006.

25　Commentary to Article 2, paras. 1-2；臼杵知史「『危険活動から生じる越境損害に関する損失配分』の原則案」『同志社法学』60巻6号（2009年）7頁。

26　Commentary to Article 3, para. 14.

27　Trouwborstは，「深刻な又は回復不可能」を予防的措置をとる義務の基準に，そして「相当の」を予防的措置をとる権利を賦与する基準（義務はない）に考える。Trouwborst, *supra* note 11, at 62-69.

のとして用いられている。

「相当の」・「深刻な」の判断

損害の基準としての「相当の」という用語については，ILC防止条文草案が指摘するように「あいまいさがないわけではない[29]」。以下では，いくつかの国際文書や先行文献等から，「相当の」・「深刻な」について，① その判断に際して考慮される要素（客観的要素だけか，それとも主観的要素や価値判断が含まれるか），② 判断に関連する指標や事柄にはどういうものがあるか，について整理する。

(ア) 判断要素

ILCの「国際水路の非航行的利用の法に関する条文草案」（1994年[30]）の注釈は，「相当の」については，「その影響は，客観的証拠によって証明されることを要求することを意図されている（その証拠が確保されることを条件として）」とし，事例として河川の水の化学的又は温度的な変化を挙げている[31]。

ILC防止条文草案の注釈は，「相当の」は事実的かつ客観的基準のみならず，価値判断が関係するとし，またその価値判断は，特定のケースを取り巻く状況と時期に依存し，例えば，大気や水の汚染について，かつては当時の科学的知見や人間の評価によって「相当の」とされなかった水準でも，後に見解が変化し「相当の」と考えられることがありうるとする[32]。

このように「相当の」は，必ずしも客観的な基準だけで判定されるものではなく，主観的判断が含まれるというのが一般的な解釈といえる。とはいえ，堀口氏が言うように「主観的判断の余地を残していることは確かだが，今日越境する無数の損害の中から法的に意味のある損害を確定するという意味においてその重要性は失われない[33]」。「深刻な」についても，これと同様に考えられる。

28　Birnie and Boyle, *supra* note 10, at 186.

29　Commentary to Article 2, para. 4.

30　Draft articles on the law of the non-navigational uses of international watercourses, 1994. 同草案は，越境損害防止義務の損害の基準として，“to a significant extent” と規定（3条2項）する。

31　Commentary to Article 3, para. 14.

32　Commentary to Article 2, para. 7.

⑴　判断指標

Trouwborstは，「相当の」・「深刻な」の判断に関連する指標等について幾つかの事柄を挙げているので，以下に引用する。

第一に，「相当の」及び「深刻な」は，損害の重大性（gravity）のスケールを表すものであり，重大性の典型的な指標として，損害の地理的範囲と持続性（duration）の二つがある。広範囲の損害は，地域限定的な損害よりも深刻である資格があり，また，予防原則のもとでは，「長期間にわたる悪影響の高いリスクを有する」決定は避けられなければならない[34]。空間と時間のスケールが大きければ大きいほど，影響はより重大性が大きく（and／or）深刻であると考えられる[35]。

第二に，対象範囲が減少するにつれて損害の深刻さは増加する。例えば，海面の埋立がかなり進行し，残りの領域が減少するにつれ，その残りの領域になされる損害の深刻さは増大する[36]。

第三に，さまざまな環境関連の法令や政策文書が，損害の重大性の判断の指標を提供する。典型的なのは，河川の水や大気に関する国際的基準のような国際公法の実体的規範であり，そのような規範の違反は，明らかに「相当の」を満たし，同時に「深刻な」損害であることが推定される。また，例えば，世界自然憲章（1982年）の前文が，人間による過剰な開発と生息地の破壊によって阻害される生態学的プロセス，生命支持システム及び生命形態の多様性の「本質的」機能を認識し，そして「自然の安定性と品質の維持及び自然資源の保存の緊急性」を認めたと述べている（para. 4(a), 3(b)）ことは，その署名国にとって，アフリカ大陸のライオンの数の減少は，疑いなく深刻な損害である[37]。

第四に，環境財産に与えられる価値が大きければ大きいほど，その財産に加えられる損害はより重大であると考えられる。例えば，「世界の文化遺産及び

33　堀口・前掲注（11）56頁。

34　Trouwborst , *supra* note 11, at 56-57.

35　*Id.*, at 132-133.

36　*Id.*, at 138-139.

37　*Id.*, at 135.

自然遺産の保護に関する条約」（世界遺産条約）（1972年）に定義される自然遺産の価値の大きさ故に，この条約の前文においては，「文化遺産及び自然遺産のいずれの物件が損壊し又は滅失することも，世界のすべての国民の遺産の憂うべき貧困化を意味する」と述べられている（para. 2）[38]。

第五に，持続可能な発展の概念と予防原則の間には緊密な関係がある。重大性の評価に当たり，将来の世代が影響を受ける程度が考慮されなければならない。したがって，損害は，ある活動が将来の世代の利害を侵害するかもしれないという懸念の理由が存在する場合は，損害が「深刻」であるとの疑いを生じさせる[39]。

以上のようなTrouwborstの掲げる指標類は，「相当の」・「深刻な」の判断に有益であると思われる。

(ウ)　EU環境損害責任指令

「相当の」の判断要素について参考になるのが，EUの「環境損害の未然防止及び修復に関する環境責任についての2004年4月21日付欧州議会及び理事会指令2004/35/CE」（以下「EU環境損害責任指令」という）[40]である。これは，“significant”の判断のためのチェックリストを明記している。同指令は，その対象となる「環境損害」を，「保護された生物種及び自然生息地の損害。これは，かかる生息地又は生物種の望ましい保全状態の実現又は維持に対し重大な（significant）悪影響を及ぼす損害をいう」と定義し，そして「影響の重大さ(significance)」は，「附属書Ⅰに定められるクライテリアを考慮しつつ，基礎状態を参照して評価される」とする（2条1項(a)）。附属書Ⅰには，「……損害の重大性は，損害時の保全状態，生息地又は種が生み出す快適環境によって提供されるサービス及び生息地又は種の自然の再生能力に照らして評価されなければならない。基準となる条件の悪い方への重大な変化かどうかは，以下のような

38　*Id.*, at 139.

39　*Id.*, at 139-140.

40　Directive 2004/35/EC of the European Parliament and of the Council of 21 April 2004 on environmental liability with regard to the prevention and remedying of environmental damage.　本文の訳は，『環境研究』139号（2005年）141頁以下（大塚直・高村ゆかり・赤渕芳宏翻訳）による。

測定可能なデータによって決められるべきである」と規定されている。ここでの判断基準は，客観的なデータが基礎になっているように思われる。

みなみまぐろ事件――国連海洋法条約における「深刻な損害」

国際海洋法裁判所（ITLOS）のみなみまぐろ事件[41]では，「深刻な」損害に当たるかどうかが問題の一つとなっており，予防原則適用要件としての環境損害の「深刻性」の評価を考える上でも参考になる。

国連海洋法条約290条1項は，「紛争が裁判所に適正に付託され，当該裁判所が……管轄権を有すると推定する場合には，当該裁判所は，終局裁判を行うまでの間，紛争当事者のそれぞれの権利を保全し，又は海洋環境に対して生ずる深刻な損害（serious harm）を防止するため，状況に応じて適当と認める暫定措置を定めることができる」と規定する。暫定措置（仮保全措置，provisional measure）は，国際司法裁判所（ICJ）では，本案の審理に入る前に「当事国の権利を保全するために」指示することができるとされている（国際司法裁判所規程41条)。国連海洋法条約の下では，国際司法裁判所で認められてきた「当事国の権利保全」のほか「海洋環境に対して生ずる深刻な損害の防止」も暫定措置制度の目的として追加されている[42]。

さて，みなみまぐろ事件では，オーストラリアとニュージーランドが（本案である仲裁裁判と別に）日本のみなみまぐろの調査漁業の即時停止等を内容とする暫定措置を国際海洋法裁判所に求めた。この中で「海洋環境に対して生ずる深刻な損害」が議論になっている。海洋法裁判所は，結論として，当事国間で合意された漁獲可能量（TAC）を超えないよう年間漁獲量を制限すること等を内容とする暫定措置を命じたのであるが，この命令の中で海洋法裁判所は，「海洋環境に対して生ずる深刻な損害」に関連して，「みなみまぐろのストックが深刻な状況にあり，そのことが深刻な生物学上の懸念の原因であることにつ

41　Southern Bluefin Tuna Cases (Australia and New Zealand v. Japan), International Tribunal for the Law of the Sea, Request for provisional measures, Order of 27 August 1999.

42　堀口健夫「国際海洋法裁判所の暫定措置命令における予防概念の意義 (1)『北大法学論集』61(2)（2010年）28頁。

いて当事国の間に見解の違いはない[43]」が，「日本の計画する調査漁業がストックへの深刻な脅威となるかについては，当事国の見解が分かれている[44]」とした。最終的には，「当事国の示した科学的証拠につき決定的な評価を下すことはできないが，当事国の権利を保全し，みなみまぐろの資源量のさらなる悪化を回避するために，緊急に措置がとられるべきである[45]」とした。

この事件は，環境への「深刻な損害」に該当するかどうかは国によって判断に差が生じ，訴訟において争われることを示している。

WTOセーフガード措置のための「重大な損害（serious injury）」要件

環境問題とは離れるが，WTO協定に基づくセーフガード措置のための「重大な損害（serious injury）」要件を見ておくことも有益であろう。セーフガード措置も，一種の暫定的な措置であるという点で，予防原則に基づく措置と共通の要素があると思われるからである。

WTO協定上のセーフガード措置は，貿易自由化によって輸入が増加し，その結果国内産業に重大な損害が発生した場合に国内産業を救済するための措置であり，協定上一定の要件の下に認められる。その要件の一つとして，セーフガード協定（Agreement on Safeguards）は「国内産業の重大な損害（serious injury）の発生，若しくはそのおそれのあること」を定める（第2条）。「国内産業の重大な損害」とは，「国内産業の状態の著しい全般的な悪化」と定義される（第4条1項(a)）。その認定に際しては，国内調査当局は「国内産業の状態に関係を有するすべての要因であって客観的なかつ数値化されたもの」を評価しなければならないとされ（同条2項），検討すべきものとして，国内市場占有率，販売，生産，生産性等の具体的な経済指標が列挙されている（同項）。「重大な

43　para. 71.

44　paras. 73-74.

45　para. 80. 本事件と海洋法裁判所の暫定措置命令の内容については，堀口・前掲注(39) 29-35頁及び兼原信克「みなみまぐろ事件について――事実と経緯」『国際法外交雑誌』100巻3号（2001年）1-44頁を参照。本暫定措置命令については，予防原則を採用したものかどうか論争があり，この点についてこれらの文献に詳しい。本書に引用した「深刻な損害」に関する本事件での論争は，予防原則適用要件としての「深刻な損害」ではなく，国連海洋法条約290条1項にあるそれについてである。

損害」の認定のための明確な数値基準は協定に規定されておらず，国内調査当局が判断する。

1951年の米国の婦人用毛皮帽子事件[46]に関するガット作業部会報告の多数意見は，「重大な損害」といえるか否かは主観的要素を含む経済的・社会的判断であるとした上で挙証責任の問題として扱い，チェコが「重大な損害」がなかったことを立証できなかったとして米国政府の判断を尊重する意見を述べた[47]。この判断は，「重大な損害」の要件を無意味にするものとして批判され，その後，WTO発足後は変化が生じてきている。WTOの紛争解決手続において，紛争小委員会（パネル）は，「重大な損害」の認定そのものは国内調査当局に委ねつつ，調査手続の審査をかなり厳格に行っており，それによって安易なセーフガード措置の適用を抑制しているとされる[48]。

このように，WTOセーフガード措置については「重大な損害」の基準として客観的要素が協定上明記されている。

3 「回復不可能な」損害

「回復不可能な」とは

“irreversible”は，「不可逆的な」という邦訳もよく使用される。

「回復不可能な」は，物理的理由によるものだけではなく，テクニカルな又は経済的な理由によるものもあり，さらには，長期にわたる損害で，厳密な意味で回復不可能ではなくとも非常に持続的で事実上回復不可能であると考えられるものも含むとされる[49]。

経済学の文献を見ると，不可逆性とは「いったん決定されると，例えば熱帯雨林や複雑な湿地帯の喪失のように，元に戻すのが物理的に不可能であった

46　GATT/CP/106.

47　松下満雄・清水章雄・中川淳司『ケースブック　ガット・WTO法』（有斐閣・2000年）216-219頁。

48　中川淳司・清水章雄・平覚・間宮勇『国際経済法』（有斐閣・2003年）117頁。

49　Trouwborst, *supra* note 11, at 61.　事例として，砂漠化のプロセスが挙げられるという。いったん完全に不毛の地になると，いくら回復の努力をしても元に戻りそうにない。

り極端に高価である変化が起きてしまう」[50]ことをいう。「不可逆的な損害とは，修復のために実質的に無限大の費用がかかるような損害」[51]ともいわれている。この学者によれば，不可逆的な損害が想定される場合には，問題解決のコスト面では時間選好（割引）の効果は簡単に帳消しにされてしまう。またこのような場合に対症療法的政策をとることは，将来の世代に取り返しのつかない損失をもたらすことがありえ，持続可能な発展の原則と両立しない。このような観点から，不可逆的な損害が想定される場合は予防的アプローチが強く支持されるという[52]。こうしたことからみて，「回復不可能な」という要件には，予防原則と持続可能な発展の原則との深い関係が含意されているように思われる。

「回復不可能な」を予防原則適用要件の基準とすることについては，熱力学の第2の法則から世の中のすべての変化は「回復不可能」であるゆえに，基準として無意味であるというMorrisの批判がある[53]。これとは逆に，回復不可能な損害の典型例として挙げられる動植物の種の絶滅でさえ，バイオテクノロジーによって将来回復可能になる可能性が排除できない等として，絶対に「回復不可能」なものはないとの意見もありうる[54]。ただ，以上のような議論は両極端であって，例えば，バイオテクノロジーがいくら速いペースで発展しているといっても，種の絶滅が回復不可能な損害であることに異論のある人はほとんどいないだろう[55]。

「回復不可能な」の判断要素

Trouwborstが「回復不可能な」の判断に関連する要素・指標として挙げている事柄を以下引用する。

50　R. K. ターナー・D. ピアス・I. ベントマン著，大沼あゆみ訳『環境経済学入門』（東洋経済新報社・2001年）59頁。

51　D. ピアス・A. マーカンジャ・E. B. バービア著，和田憲昌訳『新しい環境経済学』（ダイヤモンド社・1994年）11-12頁。

52　同上 12-13頁。

53　Morris, J., “Defining the precautionary principle”, in Julian Morris（ed.）, *Rethinking Risk and the Precautionary Principle*（Butterworth-Heinemann, 2000）at 14.

54　Trouwborst, *supra* note 11, at 59-60.

55　*Id.*, at 60.

第一に，「深刻な」が，本来的に重大性（gravity）のスケールの指標であるのに対し，「回復不可能な」は，主として時間的性格（temporal character）を有する指標であり[56]，「回復不可能な損害」と「長期にわたる（long-term）損害」との違いは，段階的なものである[57]。

第二に，損害が回復不可能か否かの判断においては，深刻か否かの判断に比べて主観的な判断になる傾向は少ないようである[58]。

第三に，具体的なケースでの回復不可能性の決定に当たり，多くの国際的文書が手掛りを提供する。「特に水鳥の生息地として国際的に重要な湿地に関する条約」（ラムサール条約）（1971年）は，湿地が大きな価値を有する資源であり，「その喪失は取り返しがつかない（irreplaceable）」と規定する（前文para. 3)。世界遺産条約は，自然遺産は,「無類の及びかけがえのない（irreplaceable)」と規定している（前文para. 5)。「絶滅のおそれのある野生動植物の種の国際取引に関する条約」（CITES）（1973年）は，そのまさに最初において同じように「野生の動植物は，美しくかつ多様な形体を有する野生動植物が現在及び将来の世代のために保護されなければならない地球の自然の系のかけがえのない

56　わが国の行政事件訴訟法における「回復の困難な損害」と「重大な損害」の違いは，これに類似した問題であるが，やや様相を異にするように思われる。行政事件訴訟法25条2項は，執行停止の要件の一つとして，「重大な損害をさけるため緊急の必要がある」ことを定める。この「重大な損害」は，従前は「回復の困難な損害」という文言であったものが平成16年に改正されたものである。同時に，「重大な損害」の判断について，「損害の回復の困難の程度を考慮するものとし，損害の性質及び程度並びに処分の内容及び性質をも勘案するものとする」（25条3項）という解釈基準が新設された。従前の「回復の困難な損害」は損害の「性質」のみに着目したものであるのに対し，「重大な損害」は損害の「程度」及び「量」にも着目したもので，また，「重大な損害」は，単なる定量的・絶対的な評価ではなく，具体的事案に応じた総合的・相対的な評価であるとされている（櫻井敬子・橋本博之『行政法』（弘文堂・2009年）322頁)。このように行政事件訴訟法では，「重大な」は「回復の困難な」を包摂するものと理解されている。これに対し，国際環境法の予防原則の議論では，「深刻な」が「回復不可能な」を包摂するものとはされていないようである。ただ，「重大な」の方が「回復の困難な」に比べてより総合的・相対的な評価であるという点は，「深刻な」と「回復不可能な」の関係と類似しているように思われる。

57　Trouwborst, *supra* note 11, at 60-61.

58　*Id.*, at 140.

(irreplaceable) 一部をなすものである」という認識を述べている（前文para. 1)[59]。

第四に，「相当の」「深刻な」と同様，持続可能な発展の概念は「回復不可能な」の判断に関連がある。この観点から，「破壊されたものを回復する自然の再生力に必要とされる時間が，いくつかの世代を超える見込みがある場合」には，その環境損害は回復不可能であるとの主張もある[60]。

「深刻な」と「回復不可能な」のつながり

予防原則の一般的な定義では，「深刻な」と「回復不可能な」が「又は」でつながっている。この関係について，Trouwborstが述べていることを以下に整理する。

まず，野生の植物の群落が過剰な伐採によりほとんど壊滅した場合，このことはおそらく「深刻な」損害である。たとえその後の保護措置が完全な回復につながる可能性がある（したがって「回復不可能な」とはいえない）としても，これは，予防原則の適用要件としての「損害の重大性（gravity)」の指標を満たすであろう。つまり，「深刻な」を満たす限りは，「回復不可能な」でなくても問題がない。

二つ目に，種の絶滅は，おそらく「回復不可能な」基準を満たすだろう。この場合は，同時に「深刻な」基準も満たすだろう。

三つ目に，大理石をわずかな規模で採取することは，これによって受けた損害がどれだけ回復不可能であろうと，深刻な損害を構成するには不十分であろう。こうした小さな規模の損害は，回復不可能であるということだけに基づいて予防的措置をとる義務をもたらしてしまうのは適当ではないだろう。

これらのことから，Trouwborstの結論は，次のとおりである。「損害の重大性（gravity)」要件を満たすためには，「深刻な」はそれ自体で十分だが，「回復不可能な」はそれ自体では不足で，少なくとも「相当の」を満たさなければならない[61]。

59　*Id.*

60　*Id.*, at 141.

61　Trouwborst, *supra* note 11, at 65-66.

まとめ

リオ宣言等の定義から，予防原則の適用要件の一つである「損害のおそれ」の要件に「深刻な又は回復不可能な」基準を要求する見解が支配的である。また，こうした基準を欠く，単なる「損害のおそれ」と規定されている条約もあるが，これらも，すべての損害を意味するのではなく，少なくとも「相当の」損害が必要であると解する見解が有力に唱えられている。本節の目的は，「相当の」，「深刻な」又は「回復不可能な」といった損害の基準の意味とその判断要素・判断指標について考えることであった。「相当の」，「深刻な」や「回復不可能な」要件の意味や判断基準を統一的に確定することは困難であるが，次のことが確認できた。「相当の」「深刻な」「回復不可能な」といった損害の基準は，ILCの文書において越境損害防止義務及び予防原則の定義に関連して，あるいは環境関連その他の分野でのさまざまな条約や法令，文書等において用いられている。それらの基準の該当性について，もっぱら事実的・客観的要素で決定される分野・法令もあれば，特に「相当の」「深刻な」については主観的要素を含む総合的な価値判断を含むとするものもあり，また，ケースごとの状況に応じた判断が強調されている。また，チェックリスクの導入等による客観化を図っている法令もある。こうした損害の基準は，ありとあらゆる損害の中から法が対処すべき対象範囲を画する役割を担っている。そして，こうした基準の該当性は国同士の争いの対象となり，国際法廷の審査に服している例も多い。

3　欧州委員会の「保護の水準」アプローチ

「損害のおそれ」は予防原則適用要件の一つの柱であり，前節で見たようにそれには「深刻な又は回復不可能な」が要求されるとの理解が一般的であるが，欧州委員会のコミュニケーション[62]のアプローチは，かなり様相を異にし，「選択された保護の水準」がキーワードになっている。

コミュニケーションにおいて，「潜在的に危険な影響が，選択された保護の水準と合致しない可能性があるという懸念」というくだりが，予防原則適用要件の一つの柱である「損害のおそれ」要件のことを述べたものかどうかは必ずしも明らかではない[63]が，「科学的リスク評価が，選択された水準が損なわれるおそれがあることを示す場合に，予防原則が適用される」(3及び5) とし，また「科学的評価は，予防原則を援用するという決定を行う根拠を提供する可能性がある。かかる評価の結論は，おそらく，環境又はある住民集団にとって望まれる保護の水準が損なわれるおそれがあることを示すべきである」(6.2) などの文章からみて，「損害のおそれ」要件について述べたものと見ることができる。つまり，コミュニケーションは，予防原則の対象となる「損害のおそれ」の限定の仕方として，「選択された保護の水準が損なわれるおそれがあること」を持ってきていると考えられる。

EUの予防原則に関する次に紹介する論者の見解は，こうした見方を後押しすると思われる。

Christoforou[64]によれば，「予防原則は科学的不確実性が存在する場合はいつでも自動的に適用されるのではない。というのは，潜在的な損害は，特定のケースにおいて規制当局及び市民にとって受け容れ可能であるかもしれず，又は法律により設定された『選択された健康・環境保護の水準』と矛盾しないと考えられるかもしれないからである。保護水準は特定の規制措置をとるときに，ケースバイケースに基づいて決定される」。「一般的に適用可能で，普遍的に受け容れ可能な予防原則の定義の困難性は，その基本的な理論的根拠の不確実な

62　Zanderはこの文書の意義について次のように述べている。「コミュニケーション」は，拘束力はないが，EUの予防原則の議論において極めて重要な意義を有する。この文書は，EC理事会，欧州議会及び欧州司法裁判所の判例によって支持された。したがって，「コミュニケーション」を予防原則に関するEUの公式見解の表明と見ることが賢明である。Zander, *supra* note 2, at 100.

63　Bergkamp, *supra* note 1, at 21は，「この定義は，……予防原則が何を対象とするかについての声明である。対象とすることは何を意味するのか。もしそれが，そうした状況においては規制上の介入が正当化され得る（原文はイタリック）ことを意味するにすぎないなら，われわれには，どんな状況の下でこの原則が現実に規制を正当化するか依然として分からない」。

64　Christoforou, T., "The Precautionary Principle and Democratizing Expertise: a European Legal Perspective", *Science and Public Policy*, Volume 30, Number 3, (2003), at 206-210.

又は不正確な性質に由来するものではなく，その適用が文脈的でケース特定的であるということ，すなわち，特定の物質や活動について受け容れられると社会が考えるリスクの水準に依存するという事実に由来する」。

de Sadeleer[65]も次のようにいう。「予防原則を適用するという決定は，一般的ルールとして，権限ある当局によって選択された保護の水準に依存するということになる」。

欧州第一審裁判所も，「科学的評価が十分な確実性を持ってリスクの存在を決定することを可能にしない場合に，予防原則に依拠するかどうかは，当局によって選択された保護の水準に依存する[66]」としている。

なお，リスク管理（科学的不確実性の有無にかかわらず）の基本的考え方は，第1章，第2章において述べてきたとおり，問題となっているリスクを選択された保護の水準まで引き下げるために必要な措置をとることである。リスク管理を発動するのは，評価されたリスクが選択された保護の水準に合致しない場合である。評価された当該リスク（科学的不確実性のもとでは潜在的リスクの懸念）が選択された保護の水準に照らして問題がない場合には，リスク管理措置をとる必要はない。そのような意味において，「潜在的リスクが，選択された保護の水準に合致しない可能性があるという懸念に合理的な理由がある場合に予防原則に基づいてリスク管理措置がとられる」という当然のことを述べたものだという読み方もできなくはないが，欧州委員会の表現では，「潜在的リスクが選択された保護の水準に合致しない可能性があるという懸念に合理的な理由がある場合に予防原則が適用される」となっており，やはりそのような意味で述べているのではなく，予防原則の適用要件として述べていると考えられる。

65　de Sadeleer, N., "The Precautionary Principle in European Community Health and Environmental Law: Sword or Shield for the Nordic Countries?" in N. de Sadeleer (ed.), *Implementing the Precautionary Principle: Approaches from the Nordic Countries, EU and USA* (Earthscan, 2007), at 32.

66　Joined Cases T-74/00, T-76/00, T-83/00 to T-85/00, T-132/00, T-137/00 and T-141/00: Artegodan GmbH and Others v Commission of the European Communities [2002], para. 186.

こうして，コミュニケーションは，「損害」の基準として，「選択された保護の水準が損なわれる」という基準（以下「『保護の水準』基準」という）を採用した。しからば，この基準と，前節においてみてきた従来から多くの国際文書において「損害」の基準として広く採用されている「深刻な又は回復不可能な」基準との関係が問題となる。

コミュニケーション中に「深刻な」，「回復不可能な」又はこれらと同類の損害の重大性の基準に関連する用語が出てくる箇所は，リオ宣言第15原則それ自体の引用箇所を除き次の2カ所である（下線は，筆者）。

5.1.2.　科学的評価

予防原則を適用するかどうかを決定する際に，実行可能な場合，リスクのアセスメントが検討されるべきである。このことには，信頼性の高い科学的データと論理的論証が必要であり，こうしたデータと論証により，発生しうる損害の程度，持続性，回復可能性，及び，遅発的影響（the extent of possible damage, persistency, reversibility and delayed effect）を含む，環境，又は，一定の住民の健康に与える危険の影響が発生する可能性とその重大性（the possibility of occurrence and the severity）を明確に示す結論に至る。

6.1.　実施

政策決定者が，もし行動しなければ，深刻な帰結を生じさせる可能性がある（may have serious consequences）環境，又は，人，動物，あるいは，植物の健康へのリスクを認識した場合，適切な保護措置の問題が生じる。

しかし，これらの文章は予防原則の適用要件の意味で述べているとはいえず，コミュニケーションが「深刻な又は回復不可能な」基準を採用しているのかは，その文面から明確にはいえないように思われる。

コミュニケーションのアプローチを支持すると見られる論者が「深刻な又は回復不可能な」基準をどう考えているかを見てみよう。de Sadeleerは，次のようにいう。「深刻又は回復不可能なリスクを要求する多くの国際条約と対照的に，GMO環境放出指令のような予防原則をめぐるECの指令及び規則は，そのような限定をリスクにつけていない。したがって，それらは，EC諸機関にさらに広範なマージンを提供する[67]」。また，Schombergは，次のようにいう。「予防原則の引き金を引く，影響に関連付けられる規範的な限定詞の使用について……『悪い（negative）』，『相当の』，又は『深刻な』という用語は，公共政策上運用可能ではない。なぜならば，それらの使用は，重大性，深刻性などの程度についての新たな議論をスタートさせるからである。それ故に，唯一ありうる正当な限定詞は，『選択された保護の水準』であり，それ故，その水準のいかなる違反も『悪い（negative）』，『相当の』，又は『深刻な』として考えることができる。私は，『悪い（adverse）』影響という一般的な用語を，選択された保護水準の違反を含意するという意味において使用する[68]」。

コミュニケーションの文面とこれらの論者の説明から，EUにおいては，予防原則の「損害のおそれ」要件について，国際法で一般的な「深刻な又は回復不可能な」基準に代えて，「保護の水準」基準を唯一の基準として採用しているといえるであろう。

コミュニケーションの「保護の水準」基準では，当然のことながら「選択された保護の水準」がどのようにして決定・選択されるかが，予防原則の適用を左右する重要なポイントになる。EUの「選択された保護の水準」（及びこれと同義若しくは表裏一体の概念である「適切な保護の水準」，「受け容れられるリスク水準」）の決定は，規範的価値判断であること，科学者や専門家が決定するものでなく政治が決定することであること，当局に幅広い裁量があることとして理解されていることは，すでに第2章においてみてきた。

こうした「選択された保護の水準」決定の性格から，予防原則適用要件としての「損害のおそれ」要件について「保護の水準」基準を採用するアプローチは，予防原則の適用に際してのEU諸機関の裁量を大きく広げることが示唆される。次節では，このことを，国際法で一般的な「深刻な又は回復不可能な」基準のアプローチとの比較においてさらに検討する。

67　de Sadeleer, *supra* note 65, at 33.

68　Schomberg, R. von, “The precautionary principle and its normative challenges”, in Elizabeth Fisher, Judith Jones and René von Schomberg (eds.), *Implementing the Precautionary Principle: Perspectives and Prospects* (Edward Elgar, 2006), at 25.

4 「深刻な又は回復不可能な」アプローチと「保護の水準」アプローチとの比較

1　両アプローチの比較

以上で分析してきた二つのアプローチを本節で比較検討する。

判断要素の相違

「深刻な又は回復不可能な」基準は，事実的・客観的要素で決定されるものもあれば，それだけでなく，主観的要素を含む経済的・社会的な価値判断を含むケースもあり，ケースごとの状況に応じた判断が強調されている場合もある。特に「回復不可能な」は，主観的要素よりも客観的要素が主体になる。「深刻な又は回復不可能な」の判断基準としてチェックリスクの導入等による客観化を図っている分野もある。また，政策文書のステートメント等の中に，判断要素を見いだすこともできる。

一方，「保護の水準」基準の判断要素は，「選択された保護の水準」に尽きる。「選択された保護の水準」それ自体の決定は，規範的・政治的なものであり，客観的・科学的な判断とは対照的性格を有する。

予防原則適用要件としての意味

「深刻な又は回復不可能な」基準は，上記のように事実的かつ客観的基準を基礎としつつ，主観的要素を含む経済的・社会的な価値判断を含むものであり，また，個別ケースの状況に応じて判断されるものであるので，それなりの柔軟性も認められよう。とはいえ，あらゆる損害の中から法が対処すべき対象範囲を限定するためにあるものとして，また，単なる「損害のおそれ」あるいは「相当の損害のおそれ」と格差をつけるためにこの用語が使用されているものとして，理解されねばならない。さらに，海洋法裁判所のみなみまぐろ事件の例のように，こうした基準の該当性は国同士の争いの対象となり，国際法廷によって審査される性格のものである。被害国（規制国）が「深刻な又は回復不可能な」状況だと考えても，この基準を満たすとは限らない。

一方，「保護の水準」基準は，つまるところ「選択された保護の水準」が，どの程度の水準で設定されるか次第である。「選択された保護の水準」は，当該社会が適切と考える水準であって，その決定はそもそもが価値判断であり，EU内（欧州委員会，ECJ）のみならず，WTO等数多くの機関・判例・学説が当局の幅広い裁量を容認している。したがって，「保護の水準」をより高く選択すればするほど，予期される損害がこれに抵触しやすくなり，この基準の通過のハードルをますます低くすることができる。その意味で予防原則の適用対象となる損害を限定する意味は，相当に小さいといえる[69]。

2　具体的事例に即して考える——EUのGMO環境放出指令

「保護の水準」基準と「深刻な又は回復不可能な」基準とで，実際の予防原則の適用場面でどのように異なってくるか，欧州の予防原則適用事例の代表例といえる遺伝子組換え体（GMO）規制に当てはめてみて考えてみよう。この目的は，EUの「保護の水準」基準アプローチの含意を浮き彫りにすることである。

EUのGMO制度の概観

EUのGMO規制は，環境面からのものと食品安全性の面の両方の仕組みがあるが，環境面での現行のGMO規制枠組みを設定しているのは，2001年に公布された「GMOの環境への意図的放出及び理事会指令90/220/EECの廃止に関する指令 2001/18/EC」（以下「環境放出指令」という[70]）である。この指令は，GMO（自己増殖能力を有するか，又は遺伝物質を伝達できる生物体に限られている）の環境放出についての事前のかつ段階的な承認制度を設定したものである。

本指令の主な目的は，「GMOの環境への意図的な放出によって生ずる人の健康と環境に対する悪影響から人の健康と環境を保護することである」と規定されている。

承認手続きは複雑であるが，市場流通目的の場合，当該GMOをその目的で

69　Schomberg, *supra* note 68, at 24は，次のように述べる。「ほとんどのケースでは，保護の水準は，定量的な方法ではめったに定義されていない，実際，科学的不確実性の場合に，そのような定量は実行不可能である。さらに，予期される悪影響が，実際に，我々の選択された保護水準にとって問題を引き起こすかどうか確信は持てない（そしてそれ故に，悪影響として見るべきでない）か，又は，そのような問題を実際に引き起こすかもしれない影響に気付いていない可能性がある」。

環境放出しようとする申請者が最初に市場流通される加盟国の所管当局に対し，人の健康及び環境に対するリスク評価を含む所定の情報を添付して申請する。承認手続はその加盟国レベルだけでなくEUレベルを巻き込んで進行し，承認されるとEU全域での流通が認められる。

指令は，リスク評価の方法を同附属書Ⅱにおいて定めており，リスク評価すべきGMOの潜在的悪影響は事例毎に異なるとし，リスク評価で対象とすべき潜在的悪影響の項目を詳細に定めている。

本制度における予防原則の反映と適用

本制度の枠組み（指令の規定）では予防原則がどのように反映されているか[71]，そしてその制度運用に当たり予防原則がどのように適用されているかに分けてみることにする。

㈠　本制度の枠組みにおける予防原則の反映

本指令は，予防原則について，前文(8)，第1条（目的），第4条（一般的義務）及び附属書Ⅱ（環境リスク評価の原則）において言及し，本指令が予防原則に則ることを明記している。こうした一般的規定を受けて，次のように予防原則を反映する具体的な仕組みが設けられている。

・事前承認制度という枠組みそれ自体

欧州委員会のコミュニケーションによれば，事前承認制度は，「アプリオリに有害な物質か，又は一定以上摂取すると潜在的に有害な物質の場合」に立証責任を転換する手法であり，予防原則の適用の一方法である（para. 6.4）[72]。本指令の下では，申請者はGMOを流通させる前に詳細なリスク評価手続に従うこ

70　1990年の元の指令（90/220/EEC）を2001年に拡充強化して制定された。事前承認の仕組み等の制度の骨格は旧指令からのものである。立川雅司「EUにおける遺伝子組換え作物関連規制の動向――食品・飼料規則制定後の動きを中心に――」藤岡典夫・立川雅司編『GMO：グローバル化する生産とその規制』農林水産政策研究叢書7号（2006年・農林水産政策研究所）参照。

71　EUのこれらの措置が客観的に予防原則の適用要件を満たすかどうかは別問題である。

72　医薬品，農薬，化学物質等においてこのような制度が取られている。こうした事前承認制度についていわれる「立証責任の転換」とは，訴訟における証明責任の転換ではなく，事業者の証拠提出責任について述べている（大塚・前掲注（9）317頁）。

とを義務づけられる。

・リスク評価の内容

附属書Ⅱ（環境リスク評価の原則）において，承認前に行う環境リスク評価の手順や方法について詳細に定める。そこでは一般原則として「環境リスク評価の目的は，直接的か間接的か，即時的か遅発的かにかかわらず，GMOの意図的放出又は上市がもたらしうる人の健康及び環境に対する潜在的な有害な影響を，個別事例に基づいて確認し，評価することで」あるとする。また，環境リスク評価においては，累積的長期影響の解析を行うべきであるとしている。

・承認後のフォロー等

欧州委員会のコミュニケーションによれば，予防原則に基づく措置は，暫定的なものであり，科学的知見の発展に照らして定期的に再検討され，必要な場合は修正される必要がある（para. 6.3.5)。本指令においては，こうした考え方を反映した承認後における仕組みとして，① 流通の全段階における義務表示及びトレーサビリティーの確保，② GMOの長期的影響に関して市場投入後のモニタリングの義務を課していること，③ 最初の承認の有効期間は最長10年に限定されること，④ 加盟各国が，既に共同体レベルで承認されたGMOについて，環境リスク評価に影響を与える新たな若しくは追加的な情報，又は既存の情報の再評価の結果として，人の健康又は環境にリスクを生じさせると考える詳細な根拠を持っている場合には，当該加盟国は，暫定的に自国領域内においてその使用又は販売を制限し，又は禁止すること（セーフガード措置）ができること，などが設けられている。

EUのGMO環境放出指令に予防原則が反映されていることについては，欧州司法裁判所も言及している[73]。

(イ)　本制度の運用における予防原則の適用

予防原則は以上のように本制度の枠組みに反映されているとともに，制度の実際の個別的運用において適用されている。その代表的な事例が，旧指令の下ではあるがEUが1999年から2003年にかけて実施した新規承認の停止（いわゆ

73　いわゆるグリーンピース事件（Case C-6/99, 21 March 2000）とモンサント事件（Case C-236/01, 9 September 2003)。

る「モラトリアム」）と，1997年に発動され今日も続いているいくつかのEU加盟国によるセーフガード措置である。

「モラトリアム」とは，次のようなものであった。環境放出指令の改正作業の過程で，1999年6月のEU環境相理事会において，デンマーク，ギリシャ，フランス，イタリア及びルクセンブルクの5か国は，次のような共同宣言を発表した。

「(5か国の）政府は，GMOの栽培及び市場流通に関して授けられた権限を行使するに際して，……GMO及びGMO由来製品の表示及びトレーサビリティーを確保するための完全な規則案を遅滞なく欧州委員会が提出する重要性を指摘し，そのような規則が採択されるまでの間，未然防止原則及び予防原則に従って，GMOの栽培と市場流通の新規の承認を停止させるための手段をとる。」

この宣言の後，EUではGMOの新たな承認は行われなくなり，2004年5月にようやく1種類のGMトウモロコシが承認されたのを皮切りに，幾つかの申請が承認され始めた，というものである[74]。

次にセーフガード措置についてであるが，共同体6か国（オーストリア，フランス，ドイツ，ギリシャ，イタリア，ルクセンブルク）が，1997年2月からを皮切りに環境放出指令の上記規定（セーフガード条項）に基づき，既に共同体レベルで承認された種類のGMOについて「人の健康又は環境に対するリスクを構成すると考える正当な理由がある」として禁止措置をとったものである。

以上の「モラトリアム」とセーフガード措置は，EUにとっては予防原則の適用として採用したものである[75]。

「深刻・回復不可能な」と「保護の水準」両基準の比較

上で見てきたようなEUのGMO制度自体及びその運用について，予防原則の適用のための「損害のおそれ」要件充足性を判断するに当たり，「深刻・回復不可能な」基準を採用する場合と，「保護の水準」基準を採用する場合とでは，どのように異なるであろうか。

74　なお，EUはこの「モラトリアム」解除後も，今日に至るまで新規のGMOの承認に極めて慎重な姿勢をとり続けている。

(ア)「深刻な又は回復不可能な」基準の場合

事前承認制度の枠組み自体の「損害のおそれ」要件充足性については，アプリオリにGMOを総体として「深刻な又は回復不可能な」損害のおそれありといえるかどうかを問題にすることになる。また，上記「モラトリアム」のようなGMO全体に網をかぶせる制度運用についても，同様である。

環境放出指令の前文(4)に「少量であれ多量であれ，また試験目的であれ商業目的であれ，遺伝子組換え生物は，環境中において繁殖し，国境を越えて他の加盟国に影響を及ぼす可能性がある。かかる環境への放出の影響は，回復不可能である可能性がある（may be irreversible）」と記述があることは，本指令がアプリオリにGMOを総体として「回復不可能な」損害のおそれありと判断していることを示唆する。

次に，制度運用の「損害のおそれ」要件充足性については，個別のGMOの承認の決定の際，あるいはセーフガード措置採択決定の際などに，必要に応じ，ケースごとに「深刻な又は回復不可能」か否かを判断し，予防原則の適用の有無を決定することになる。

(イ)「保護の水準」基準の場合

2001年の環境放出指令において，「選択された保護の水準」はどの程度に設定されたと見るべきか。この点は，以下のChristoforouの説明[76]が説得的である。

まず，保護の水準は，本指令のような枠組法の中で抽象的な方法で選択されることもあるし，枠組法の実施における特定の規制措置の採用時に個別ケースごとにおいても決定されることがありうる。本指令においては，その目的は，

75　これらの措置に対しては，米国，カナダ及びアルゼンチンの3か国が，SPS協定等に違反するとして2003年5月にWTO提訴した。EUはこれらの措置の正当化の根拠の一つに予防原則を援用した。2006年11月に出されたWTOの裁定は，幾つかの点においてSPS協定違反を認定したが，予防原則の適用要件との関係については「予防原則の国際法上の地位が未解決である」とし，判断していない。EUのこれらの措置及びWTO紛争の内容については，藤岡典夫『食品安全性をめぐるWTO通商紛争――ホルモン牛肉事件からGMO事件まで』（農山漁村文化協会・2007年）73頁以降参照。

76　Christoforou, T., “Genetically Modified Organisms in European Union Law” in N. de Sadeleer（ed.）, *Implementing the Precautionary Principle: Approaches from the Nordic Countries, EU and USA*（Earthscan, 2007）51, at 201.

「一般大衆及び環境のための安全性の高い水準」を達成することである。その前文の説明部の47には，「当局は，その放出が，人の健康と環境にとって安全であることが満たされた場合にのみその同意を与えるべきである」とある。指令の4条1項は，加盟国に対し，「すべての適切な措置が，GMOの意図的環境放出又は市場流通により生じるかもしれない人の健康と環境への悪影響を避けるために採用される」ことを確保するよう要求する。この文脈における「生じるかもしれない」「避けるため」という用語の使用は，特定されたリスクのトレランスが存在しない，ということを含意する。以上から，Christoforouは次のように結論づける。本指令における「選択された保護の水準」は，「リスクなしの水準」(a level of no risk) である。そして，このことは，申請者である製造業者に流通させようとするGMOの安全性[77]を証明する義務が課せられる理由を説明するのであると。

このようにして，GMOに関する保護の水準は，ゼロリスク[78]に選択されていると理解することができる。そのことは枠組法である本指令中において含意されている。

これを前提に，「選択された保護の水準」基準の下では，まず事前承認制度の枠組み自体については，アプリオリにGMOを総体として「選択された保護の水準が損なわれるおそれがある」といえるかどうかを問題にすることになる。また，上記「モラトリアム」のようなGMO全体に網をかぶせる制度運用についても，同様である。

次に，制度運用については，個別のGMOの承認の決定の際，あるいはセーフガード措置採択決定の際などに，必要に応じ，「選択された保護の水準が損なわれるおそれがある」か否かを判断し，予防原則の適用の有無を決定することになる。

(ウ)　両者の比較

従前の「深刻・回復不可能な」基準の下では，GMOのリスクが深刻・回復不可能性基準を満たしているかどうかは，一概には言えない。規制者側は，

77　原文はイタリック。

78　ゼロリスクの追求の可否の問題については，第2章第2節第2項で述べた。

GMOのリスクが深刻な又は回復不可能であると主張する一方で，被規制側はそうではないと主張するであろう。

一方，「保護の水準」基準の場合，EUは「高い保護水準」の原則を掲げており，GMOについては極めて高い保護水準（＝受け容れられるリスク水準がゼロ）を設定している。ゼロリスク水準を超えるかどうかの判断は，少なくとも上記「深刻な又は回復不可能」に当たるか否かの判断よりは，比較的明瞭であろう。このため，被規制側から見れば些細なと思える程度の損害のおそれでも「選択された保護の水準に違反」となる可能性が高い。その結果，GMOへの厳格な規制（例えば，前述のモラトリアムやセーフガード措置，あるいは事前承認制度自体）についての予防原則による正当化は，「損害のおそれ」要件の充足性の点に関しては比較的容易であろう。

以上のように，EUのGMO規制への予防原則の適用のためには，「深刻・回復不可能な」基準よりも「保護の水準」基準の方が障害は少ないであろう。

5 まとめ

欧州委員会のコミュニケーションは，予防原則の適用のための「損害のおそれ」要件について，「選択された保護の水準が損なわれるおそれがあること」を損害の基準とした。このコミュニケーションの「保護の水準」基準は，国際条約等で一般的な「深刻な又は回復不可能な」基準に取って代わることを意図して導入された。「深刻な又は回復不可能な」基準は主観的要素を排除しないものの客観的要素が重視されて判断される可能性もあるのに対し，「保護の水準」基準は規範的・政治的な性格を有し，これの採用は予防原則の適用についての裁量を極めて幅広いものにする。

コミュニケーションは，「5. 予防原則の構成部分」において，予防原則適用が二つの部分，つまり(i)行動するか，行動しないかという政治的決定（予防原則の援用の開始に関連）と，(ii)行動する場合，どのように行動するか，すなわち，予防原則の適用に由来する措置，という二つから構成されることを指摘し，さらに「7. 結論」のところでも「極めて政治的性格を有する行動するかしないかという決定と，あらゆるリスク管理措置に適用可能な一般原則を遵守しなければならない予防原則の援用に由来する措置との間の区別に決定的な重要性を置いていることを再確認することを望んでいる」と述べ，この区別の必要性を繰り返し強調している。この二つの部分の区別はコミュニケーションの注目点である[79]。筆者は，コミュニケーションがこの区別の必要性を強調する目的には，特に(i)の「予防原則の援用の開始の部分」の政治的性格を確保することがあるのではないかと考える。そのためには，「深刻な又は回復不可能な」基準ではなく，規範的性格を有する「保護の水準」基準を採用することが必要であったと思われる。

Schombergは，「予防原則の適用は，規範的リスク管理の実行として考えることができる[80]」と述べている。予防原則をそのような性格に定義づける立場に立てば，その適用要件に「保護の水準」基準を採用することにするのは自然なことであり，コミュニケーションには明示されていないが，Schombergの説明は，コミュニケーションの背景にあるのではないかと思われる。

コミュニケーションの「保護の水準」基準の問題点として考えられることを指摘しておきたい。

第一に，「保護の水準」基準では，前節で検証したように，「深刻な又は回復不可能な」基準に比較して予防原則の適用（援用の開始）に制約が弱くなり，

79　この二つの構成要素の区別が「コミュニケーション」の注目点であることについては，Scottらも指摘する。次のように論評する。「予防原則を二つの構成要素にブレーク・ダウンする試みが注目される。第一に，行動するか否かの政治的決定，第二にどのように行動するかに関連する決定である。第一は，予防原則の援用の引き金を引くこと関連して観察される。第二は，予防原則の適用から生じる措置の性質に関連する。行動することの決定を，どのように行動するかについての決定と区別することは実際上いつも可能とは限らないけれども，この区別は，どのような要因及び閾値が分析のどの段階で関連するのかという注意深い考察に有益である」。Scott, J., and E. Vos, "The Juridification of Uncertainty: Observationson the Ambivalence of the Precautionary Principle within the EU and the WTO" in Christian Joerges and Renaud Dehousse（eds.）, *Good governance in Europe's integrated market*（Oxford University Press, 2002）at 277.

80　Schomberg, *supra* note 68, at 24.

恣意的になるおそれがある。本章第1節で紹介したように，いくつかの先行文献は，コミュニケーションの「選択された保護の水準」の定義が不明確であること，又はその設定に制約を課していないことを問題とし，そのことゆえに予防原則の発動又は予防原則に基づく措置に制約が乏しいと指摘していた。しかし，より本質的な問題は，「選択された保護の水準」の定義のあいまいさというよりは，そもそも政治的価値判断により導かれ規範的概念である「選択された保護の水準」を予防原則適用要件に使用するところにあると言うべきである。

なお，ここで問題有りとしているのは，欧州委員会のコミュニケーションの「潜在的リスクが，選択された保護の水準に合致しない可能性があるという懸念に合理的な理由がある場合に，予防原則が適用される」（傍点は筆者）という考え方である。しかし，「潜在的リスクが，選択された保護の水準に合致しない可能性があるという懸念に合理的な理由がある場合に，予防原則に基づいてリスク管理措置がとられる」という表現であれば，問題はないのである。リスク管理（科学的不確実性の有無にかかわらず）の基本的考え方は，第1章，第2章において述べてきたとおり，問題となっているリスクを選択された保護の水準まで引き下げるために必要な措置をとることである。リスク管理を発動するのは，評価されたリスクが選択された保護の水準に合致しない場合である。評価された当該リスク（科学的不確実性のもとでは潜在的リスクの懸念）が選択された保護の水準に照らして問題がない場合には，リスク管理措置をとる必要はないのは当然だからである。

第二に，未然防止原則のための損害の基準はどうなるのであろうか。予防原則の適用の際に「選択された保護の水準」を用いるのであれば，未然防止原則の適用の際にも「選択された保護の水準」を用いるのが自然であるように思われる。未然防止原則の場合は科学的不確実性はないので，より明瞭な表現になり，「未然防止原則は，環境・健康への危険な影響が，選択された保護の水準に合致しないことを，客観的科学的評価が示している場合に適用される」ということになろうか。そうすると，すでにストックホルム宣言21原則の解釈として確立している「相当の」という未然防止原則の損害の基準は，やはり無用の存在になろう。その場合には，例えば，「選択された保護の水準」をゼロリスクに設定した場合，「相当の」基準を満たさないような些細な損害でも，未然防止原則の対象になる可能性があることになる。

第三に，「保護の水準」基準は，予防原則の定義を堂々巡り（circular）にするとのBergkampの批判がある。すなわち，コミュニケーションの「保護の水準」基準の考え方によれば，予防原則適用の以前に予防原則以外の根拠に基づいて前もって決定された保護の水準が存在することになる。しかし，コミュニケーションの次のくだりは，予防原則が保護の水準を設定するために用いられることを示唆していることから，堂々巡りだというのである[81]。

> 4. ……委員会は，WTOの他の加盟国により示される例に従って，共同体は，とりわけ環境，並びに人，動物，及び植物の健康について共同体が適切と考える保護の水準を定める権利を有していると考えている。この文脈において，共同体は，条約第6条，第95条，第152条，及び，第174条を尊重しなければならない。この目的のため，予防原則に依拠することは，共同体の政策の極めて重要な原則の一つである。……

ここで引用されている条約の規定は，第6条が環境統合原則，第95条，第152条及び第174条が高い保護水準の原則を規定していることから，確かに予防原則が高い保護の水準を設定するために用いられると考えているようにも読める。

ただ，上記コミュニケーションの引用部分が本当にそういう意図なのかは判然としない。コミュニケーションの「保護の水準」基準を支持するSchombergは，「予防原則を伴うか伴わないかにせよ，国家は，自らが適切であると考える一般的な保護水準を決定することができる。予防原則を実施していることは，何らかの新しい基準設定を含意しないし，それ故，例えば厳格な

81　Bergkamp, L., "*Understanding the precautionary principle* (*Part II*)" in Environmental liability, Vol. 10, 2 (Hunton & Williams, 2002) at 72; Bergkamp, *supra* note 1, at 21。なお，WTOのホルモン牛肉規制事件で，上級委員会が，「予防原則は，前文の第6パラグラフ及び3条3項においても反映されている。これらは明らかに，現存する国際基準，ガイドライン及び勧告よりも高い（つまり警戒的な）衛生保護の適切な水準を確保する加盟国の権利を認めている」と判示した（para. 124）のも，同様の考え方から来ているように思われる。

（又は，より厳格な）環境又は健康の基準の適用を含意しない。……（保護水準の選択という）この規範的及び政治的選択は，すべての政策の中で適用されなければならないだろうし，そして，予防原則の適用から独立的である」と述べており[82]，本書もこの見解を支持する（第3章第2節第2項参照）。「堂々巡り」という批判は当たらないであろう。

なお，本書の課題からはずれるためここでは詳しく論じることはしないが，保護の水準と予防原則の適用要件との関係については，「選択された保護の水準」が，「損害のおそれ」（潜在的損害）要件だけでなく，もう一つの予防原則適用要件である「科学的不確実性」要件に対して影響を与える可能性があるという問題も別途存在することに留意する必要がある[83]。

82　Schomberg, *supra* note 68, at 23-25.

83　「選択された保護の水準」が「科学的不確実性」要件に対して影響を与え得るとの問題に関連すると思われる重要な判断がWTOの米国・譲許停止継続事件でなされている。ある規制分野について国際基準が存在する場合，既に何らかのリスク評価が実施されており，科学的証拠が存在しているといえる。その場合でも，国際基準よりも高い保護の水準を設定してより厳しい措置を暫定的に採用する場合，SPS協定5条7項（科学的証拠が不十分な場合に，一定の要件の下に暫定的にSPS措置を採用することができるという予防原則を反映した規定）を援用できるのかどうかという問題が争われた。ここで上級委員会は，「適切な保護の水準」の高さは，SPS協定5条7項の「科学的証拠の不十分性」基準の判断に影響しうる（より低い保護水準の下で「科学的証拠が十分」であったとしても，より高い保護水準の下では「科学的証拠が不十分」になる可能性あり）との解釈を示した（WT/DS/320/AB, 16 Oct. 2008. この解釈について第9章第3節参照。また，京極（田部）智子・藤岡典夫「SPS協定の科学に関する規律の解釈適用：EC・ホルモン牛肉規制事件を中心に」農林水産政策研究 第17号，2010, p.21-24参照）。この考え方を予防原則一般に応用すれば，「選択された保護の水準」の高さは，予防原則の適用要件のうち「損害のおそれ」要件のみならず，「科学的不確実性」要件にも影響し，予防原則の適用を容易にする方向へ働くことにもつながる可能性がある。

第4部

食品安全政策における予防原則

第7章
食品安全政策における「適切な保護の水準」の重要性——放射性物質・BSE両対策を例に

1　本章の課題

食の安全は，今日国民の関心の最も高いテーマの一つである。福島第一原子力発電所の事故がもたらした食品の放射性物質汚染を受けて，「国は予防原則に基づいて厳格な規制をとれ」という意見がよく見られる。放射性物質のリスクの大きさが特に低線量被ばくについて明確でないことから，このような主張にはもっともな面があるが，しかし，本書の採用する予防原則の考え方からすると少々論理の飛躍があり，重要な先決問題が見落とされている。

まず，予防原則は，規制（基準値）を直接厳格化に導く機能は持っていない。では厳格な規制に導くものは何かといえば，第3章で述べたとおり，それは適切な保護の水準を高く（受け容れられるリスクの水準を低く）することである。適切な保護の水準をどの程度に設定するかは，予防原則とは無関係になし得ることである。

予防原則の適用を云々する前に，重要なことは，適切な保護の水準を，幅広い関係者の間できちんと議論して決定することである。そのようにして適切な保護の水準が定まって，それを達成するための措置・対応をとるに当たり，それが科学的不確実性の領域にある場合に，そこで予防原則を適用して科学的不確実性を補完する必要が出てくると考える。

ところが，第1章にも述べたとおり，わが国では受け容れられるリスクについての議論は，食品に限らず，ほとんどなされていない。米国や英国では受け容れられるリスクについて盛んに議論されてきて，例えば米国では，食品中一つの化学物質について発がんリスクとして受け容れられるレベルは，生涯発がんリスク「1万人に1人」から「100万人に1人」くらいという範囲となっている[1]のとは対照的である。

今日わが国の食品安全政策において最も重視され，強調されていることは，「科学」である。食品安全基本法が制定され，食品安全委員会が発足し，科学を基礎とするリスク分析手法に基づき政策が決定されるようになった。また，「食の安全・安心」とセットで呼称される風潮が社会全体にあり，「安全は科学的・客観的なもので，安心は主観的なもの」という図式で，つまり「安全＝科学」というように説明されることが多い。安全政策における科学的基礎の重要性はいうまでもない。しかし，食品安全政策は科学だけで決定されるものではないということ――本書がこれまでに強調してきた適切な保護の水準の重要性――が，軽視されがちになっていると思われる。

適切な保護の水準が欠落したリスク対応の問題点を，リスクの性格は異なるが投資行動にたとえてみると分かりやすいかもしれない。金融機関で投資商品を購入する際，選択しようとする商品がどのような，どの程度のリスクを有するのかに関する客観的情報は，確かに必要不可欠である。しかし，もう一つ重要なことがある。商品の選択に入る前に，先方から「あなたのリスク許容度は？」と訊かれるはずである。それを決めてから，それに見合った具体的な商品の選択に移ることになる。リスク許容度の決定は，投資者が自らの置かれている経済的・社会的状況を含むさまざまな要素を考慮して行う価値衡量的・主観的なことがらであるが，これがきちんと自覚できていなかったり，あるいはぐらついていたりしたら，いくら商品の客観的なリスク情報が万全に揃っていても，その投資者の投資行動はうまくいかず，その結果いたずらに販売会社への不信感だけが増す事態になるだろう。

食品安全政策が科学だけで決定されるものではないということは，法律や関係公文書には明記されている。食品安全基本法には，「食品の安全性の確保に

1　村上道夫・永井孝志・小野恭子・岸本充生『基準値のからくり』（講談社・2014年）20頁。

関する施策の策定に当たっては，……国民の食生活の状況その他の事情を考慮するとともに，前条第1項又は第2項の規定により食品健康影響評価が行われたときは，その結果に基づいて，これが行われなければならない。」（第12条）（下線は筆者）とあり，また『農林水産省及び厚生労働省における食品の安全性に関するリスク管理の標準手順書（平成17年8月）』にも「（食品）リスク管理措置案を検討する場合には，……科学的な根拠以外の要素，例えば実行可能性やコストなども考慮しなければならない」（para. 3.2），「食品安全行政においては，適切な保護の水準を確保するためのリスクの大きさに見合う措置を実施しなければならない」（para. 3.3）とされている。「適切な保護の水準」は，「受け容れられるリスクの水準」（acceptable level of risk）と互換的に使用される概念であり[2]，「リスク許容度」に当たる。ところが，本章で例示するように，わが国の食品安全に関する実際の重要な政策決定において，適切な保護の水準の設定状況は明確でなく，むしろ欠落しているように見える。そして，今日，国民の間に見られる過剰なゼロリスク志向や食品安全政策への不信などの重要な問題は，このことに関連しているように思われる。本章では，このような食品安全政策の現状を見直すことが望ましいとの立場から，個別政策の決定に当たって適切な保護の水準を設定・導入すること，及び「食の安全」の相対的性格を明確にし，国民に周知することの重要性を指摘したい。

本章の構成は，以下のとおりである。第2節と第3節では，適切な保護の水準の観点の欠落の実態を昨今のわが国の「食の安全」における最も大きなテーマといえる放射性物質（2節）及びBSE（3節）への対応の中に観察し，課題を明確にする。次に第4節ではわが国の食品安全政策における適切な保護の水準の位置づけを検討し，リスク管理ルールと「食の安全」の定義に関して問題を提起する。最後に第5節でまとめを行う。

---

2 「適切な保護の水準」と「受け容れられるリスクの水準」の意味について，第1章参照。食品分野では前者を用いることが多いため，本章でも基本的にはこれに倣う。

2　食品中の放射性物質汚染への対応をめぐる問題

東日本大震災に伴う福島第一原発の事故によってもたらされた食品中の放射性物質汚染への政府の対応について考える。まず，政府の対応の経緯をつぶさに追っていき，そのあと，適切な保護の水準（受け容れられるリスクの水準）の観点が欠落した政策決定の問題を考察する。

1　政府の対応の経緯

放射線による健康への影響

放射線が人の健康に影響する仕組みは，次のように考えられている[3]。放射線により細胞内のDNAに傷ができることがあり，その場合もほとんどの細胞は修復されて元に戻るものの，中には修復されない細胞がある。修復されない場合，ほとんどは細胞死して健康な細胞に入れ替わるが，もし細胞死が非常に多い場合，「確定的影響」として現れる。これは，比較的高い放射線量を受けた場合に現れる健康影響（「永久不妊」など）であり，被ばく後，比較的短時間で影響が現れる。これには健康影響が現れ始める「閾値」がある。修復されない場合の中で，ごくまれに（確率的に）突然変異を起こす細胞があり，これが普通の細胞に起こると「がん」として，生殖細胞に起こると「遺伝的影響」として現れる。これが「確率的影響」で，比較的低い放射線量を受けた場合でも現れることがあり，放射線量が高くなるにつれ，現れる確率が増えると考えられている。被ばく後，数年以上を経て影響が現れる。「確定的影響」は比較的高い放射線量を受けた場合に起こるものなので，今回の原発事故のように比較的低い線量では，「確率的影響」が問題となる。したがって，本章で取り上げる政府の対策や食品安全委員会の影響評価も，主に確率的影響について論じられている。

3　食品安全委員会「放射性物質を含む食品による健康影響に関するQ＆A」問9。http://www.fsc.go.jp/sonota/emerg/radio_hyoka_qa.pdf（2011年10月31日アクセス）

暫定規制値

平成23年3月11日の福島第一原発の事故により周辺環境に放射性物質が放出されたことを受け，3月17日，厚生労働省は，医薬食品局食品安全部長名で「放射能汚染された食品の取り扱いについて」という文書を各自治体宛に通知した[4]。この通知には，「飲食に起因する衛生上の危害の発生を防止し，もって国民の健康の保護を図ることを目的とする食品衛生法の観点から，当分の間，別添の原子力安全委員会により示された指標値を暫定規制値とし，これを上回る食品については食品衛生法第6条第2号に該当するものとして食用に供することがないよう販売その他について十分処置されたい」とある[5]。この通知の別添の「飲食物摂取制限に関する指標」には，放射性ヨウ素について，飲料水，牛乳・乳製品は各々300Bq（ベクレル）/kg，野菜類は2000Bq/kgと，また放射性セシウムについて，飲料水と牛乳・乳製品は200Bq/kg，野菜類，穀類，肉・卵・魚・その他は各々500Bq/kgなどと定められている。また，食品衛生法第6条第2号の規定は，次のとおりである。

第6条　次に掲げる食品又は添加物は，これを販売し（不特定又は多数の者に授与する販売以外の場合を含む。以下同じ。）又は販売の用に供するために，採取し，製造し，輸入し，加工し，使用し，調理し，貯蔵し，若しくは陳列してはならない。

二 有毒な，若しくは有害な物質が含まれ，若しくは付着し，又はこれらの疑いがあるもの。ただし，人の健康を損なうおそれがない場合として厚生労働大臣が定める場合においては，この限りでない。

上記暫定規制値の典拠となった原子力安全委員会の「飲食物摂取制限に関する指標」は，平成10年3月6日に出されていたもので，それには次のように記

4 http://www.mhlw.go.jp/stf/houdou/2r9852000001558e.html（2011年10月31日アクセス）

5 また，暫定規制値を超える食品が地域的な広がりをもって見つかった場合は，原子力災害対策特別措置法に基づき，当該地域の食品について「出荷制限」や「摂取制限」が，原子力災害対策本部長（内閣総理大臣）から関係知事などに指示される仕組みになっている。食品安全委員会「放射性物質と食品に関するQ＆A（6月13日更新）」問1。http://www.fsc.go.jp/sonota/emerg/emerg_QA.pdf（2011年6月15日アクセス）

述されている。緊急事態における介入のレベル，つまり防護対策の一つとしての飲食物摂取制限措置を導入する際の判断の目安とする値として，国際放射線防護委員会（ICRP）が勧告した事故時における放射線防護の基準を基に，放射性ヨウ素の場合は甲状腺等価線量50mSv（ミリシーベルト）／年（実効線量で2mSv／年），放射性セシウムの場合には実効線量5mSv／年とする。これらの値を基準とし，飲料水，牛乳・乳製品，野菜，穀類，肉・卵・魚その他の食品毎にこの基準値を割り振り，年間の摂取量を想定して，1年間で摂取し続けた場合に，食品の放射能濃度が半減期に従って減っていくことを前提に，基準に達する放射能濃度として求めた。

食品安全委員会の「緊急とりまとめ」

暫定規制値に基づく規制は，食品安全基本法第11条第1項第3号に規定する「人の健康に悪影響が及ぶことを防止し，又は抑制するため緊急を要する場合で，あらかじめ食品健康影響評価を行ういとまがないとき」に該当するものとして，同条第1項ただし書の規定により，食品安全委員会による事前の食品健康影響評価を経ずになされたものであった[6]。このため，厚生労働省は3月20日，食品安全委員会に対して食品健康影響評価の要請（諮問）を行った。

食品安全委員会は諮問を受け，本件の緊急的な社会的状況をふまえ，他の案件に優先して集中的に審議を行い，3月29日に「放射性物質に関する緊急とりまとめ」[7]を発表した。

「緊急とりまとめ」は，「国民の健康保護が最も重要であるという基本的認識の下，国際放射線防護委員会（ICRP）から出されている情報を中心に，世界保健機関（WHO）等から出されている情報等も含め，可能な限り科学的知見に関する情報を収集・分析し」，「現時点で収集できた情報等に基づき，極めて短期間のうちに緊急時の対応として検討結果をとりまとめたもので」あった。

「緊急とりまとめ」の見解は，次のとおりである。緊急時の対応として，①

6　食品安全委員会・前掲注（3）問17。食品安全基本法第11条第1項第3号については，次の第8章後で詳しく検討する。

7　食品安全委員会「放射性物質に関する緊急とりまとめ」。http://www.fsc.go.jp/sonota/emerg/emerg_torimatome_20110329.pdf（2011年10月31日アクセス）

放射性ヨウ素について，年間50mSvとする甲状腺等価線量（実効線量として2mSvに相当）は，食品由来の放射線曝露を防ぐ上で相当な安全性を見込んだものと考えられた。② 放射性セシウムについて，自然環境下においても10mSv程度の曝露が認められている地域が存在すること，10～20mSvまでなら特段の健康への影響は考えられないとの専門委員及び専門参考人の意見があったこと等も踏まえると，ICRPの実効線量として年間10mSvという値について，緊急時にこれに基づきリスク管理を行うことが不適切とまで言える根拠も見いだせていない。これらのことから，少なくとも放射性セシウムに関し実効線量として年間5mSvは，食品由来の放射線曝露を防ぐ上でかなり安全側に立ったものであると考えられた。

また，「現時点においては，……汚染状況等に関する情報も十分に得られておらず，さまざまな検討課題が残っている状況」であることから，今後も諮問の内容について継続して検討を行い，改めて放射性物質に関する食品健康影響評価についてとりまとめる方針を示した。また，この答申に際して，内閣府特命担当大臣は，「今回の食品安全委員会による緊急とりまとめは，できる限りの科学的知見を収集・分析し，専門家による濃密な議論を経てとりまとめられたものです。これにより，厚生労働省の暫定規制値の根拠となった数値は十分安全側に立ったものであることが科学的に立証されました」とのメッセージを出した。[8]

この「緊急とりまとめ」を受け，厚生労働省は暫定規制値を維持することとした。

食品安全委員会の食品健康影響評価の答申

平成23年10月27日に食品安全委員会は「食品中に含まれる放射性物質の食品健康影響評価」[9]をとりまとめ，厚生労働大臣に答申した。問題となっている低線量の放射線による健康影響について述べたポイントとなる箇所を抜粋する。

① 現時点における科学的水準からは，低線量の放射線に関する閾値の有無

8 食品安全委員会『食品安全』第26号，2011年。

9 食品安全委員会「食品中に含まれる放射性物質の食品健康影響評価」http://www.fsc.go.jp/sonota/emerg/radio_hyoka_detail.pdf（2011年10月31日アクセス）

について科学的・確定的に言及することはできなかった。また，ある疫学データに基づき直線仮説の適用を検討している論文もあるが，モデルの検証は難しく，そのデータだけに依存することはできない。国際機関において，比較的高線量域で得られたデータを一定のモデルにより低線量域に外挿することに関して，閾値がない直線関係であるとの考え方に基づいてリスク管理上の数値が示されているが，もとより，仮説から得られた結果の適用については慎重であるべきである。今回の食品健康影響評価においては，実際のヒトへの影響を重視し，根拠の明確な疫学データで言及できる範囲で結論を取りまとめることとした。

② 根拠を明確に示せる科学的知見に基づき食品健康影響評価の結論を取りまとめる必要があるが，性別，年齢，社会経済的な状況及び喫煙等の生活習慣といった交絡因子あるいは調査研究の方法論的な限界から来るバイアス等複雑な要因を排除しきれないことに加え，用いられた疫学データが有する統計学的な制約から，一定水準以下の低線量の放射線曝露による健康影響を確実に示すことができる知見は現時点において得られていない。現在の科学的水準においてそれを検出することは事実上困難と考えられた。

③ 結論としては，「現在の科学的知見に基づき，食品からの追加的な被曝について検討した結果，放射線による健康への影響が見いだされるのは，通常の一般生活において受ける放射線量を除いた生涯における追加の累積線量として，おおよそ100mSv以上と判断し」，「100mSv未満の線量における放射線の健康影響については，疫学研究で健康影響がみられたとの報告はあるが，信頼のおけるデータと判断することは困難で」「100mSv未満の健康影響について言及することは困難と判断した」[10]。

「100mSv」の意味については，別途，食品安全委員会による次のような説明もなされている。

① 健康影響が見いだされる値についての疫学データが錯綜する中で，「(1) リスク評価とリスク管理が分離されている制度の下で，(2) 科学的知見の

10　同上，213-215頁。

確実性や，(3) 健康影響が出る可能性のある指標のうち最も厳しいものを重視する」，という食品分野のリスク分析の考え方に基づいて判断したものである[11]。

② 今回の食品健康影響評価においては，過去に被ばくした人々の実際の疫学データに基づいて，生涯における追加の実効線量がおおよそ100mSv以上で健康影響が見いだされると判断し，100mSvの被ばくをした場合に，「がん」になる確率がどの位あるかを示すには至っていない。なお，参考として，国際放射線防護委員会（ICRP）では，100mSvの被ばくをした場合，生涯のがん発症数は1.71％上昇し，がん死亡数は0.56％上昇すると推定している[12]。

③ 「おおよそ100mSv」は，閾値ではない。100mSv未満の健康影響については，放射線以外のさまざまな影響と明確に区別できない可能性や，根拠となる疫学データの対象集団の規模が小さいことや曝露量の推定の不正確さなどのために追加的な被曝による発がん等の健康影響を証明できないという限界があるため，疫学的知見からは健康に影響があるともないともいえない[13]。

新基準設定

食品安全基本法第11条第1項第3号の緊急の場合として食品健康影響評価を経ずにいた不完全な状態は，上記食品健康影響評価によって「事後において，遅滞なく，食品健康影響評価が行われなければならない」（第11条第2項）に従って食品健康影響評価が行われ修復されたことになった。食品健康影響評価が行われたときは，その結果に基づき改めて施策の策定を行わなければならない（第12条）とされている。

「生涯100ミリシーベルト」は，仮に生涯を100年とした場合，単純計算では

11　食品安全委員会・前掲注（3）問4。「外部被ばくについては，こうした食品分野の考え方とは異なることも考えられる」とも述べている。

12　同上，問5。

13　「食品安全委員会委員長談話～食品に含まれる放射性物質の食品健康影響評価について」http://www.fsc.go.jp/sonota/emerg/fsc_incho_message_radiorisk.pdf（2011年10月31日アクセス）

年間1ミリシーベルトとなることから，「新たな規制は，年間5ミリシーベルトを基準としている現行の暫定規制値よりも厳しくなるのは必至」[14]となった。

翌日の10月28日，厚生労働大臣は，「暫定規制値に適合している食品については，健康への影響はないと一般的に評価され，安全は確保されているが，より一層，食品の安全と安心を確保するため」（下線は筆者），年間5ミリシーベルトで設定している現行の暫定規制値を見直し，翌年4月を目途に，許容できる線量を年間1ミリシーベルトに引き下げることを基本として規制値設定のための検討を進めていくとする見解を表明した。同日，厚生労働大臣は，食品中の放射性物質に関する新たな規格基準の設定について，薬事・食品衛生審議会への諮問を行った。

平成23年12月22日，厚生労働省は薬事・食品衛生審議会食品衛生分科会放射性物質対策部会において，「原発事故直後に設けた暫定規制値に代わり，平成24年4月以降の長期的な状況に対応するもの」として，放射性セシウムの新たな規制値案を示した[15]。その内容は，以下のとおりである。食品による被ばく量の上限を，年間1ミリシーベルトに抑える。そのため，食品を4分類してこの1ミリシーベルトの線量を割り当て，年間摂取量と換算係数から計算して，放射性セシウムの規制値を ① 穀類や肉，魚，野菜などの「一般食品」に含まれる1キロ当たり100ベクレル，② 新設された「乳児用食品」及び「牛乳」は子どもに配慮して同50ベクレル，③ 大量に摂取する「飲料水」は同10ベクレルとする，というものである。このように暫定規制値の4分の1～20分の1の厳しい値である。

この趣旨は，「合理的に達成できる限り線量を低く保つという考えに立ち，より一層，国民の安全・安心を確保する観点から，介入線量レベルを年間1ミリシーベルトに引き下げる」というもので，「この判断の根拠は，コーデックス委員会が，食品の介入免除レベルとして年間1ミリシーベルトを採用したガ

14　『読売新聞』朝刊2011年10月28日。

15　薬事・食品衛生審議会食品衛生分科会放射性物質対策部会報告書「食品中の放射性物質に関する新たな規格基準の設定について（案）」http://www.mhlw.go.jp/stf/shingi/2r9852000001yw1j.htm（2011年12月26日アクセス）

イドラインを提示していることを踏まえたものである」としている。また，現在の暫定規制値に適合する食品でも十分安全は確保されているとして，新基準値への移行に際して経過措置の設定を提言した。ただ，同じ介入線量レベル年間1ミリシーベルトを採用していても，コーデックス委員会は汚染割合を10%と仮定しているのに対し，わが国は汚染割合を飲料水，乳児用食品と牛乳は100%，一般食品を50%としたため，規制の基準値は，コーデックス委員会が乳幼児用食品・一般食品とも1000ベクレルとなっているのに比べはるかに厳しくなった。このことは問題点の一つとして再度触れる。

この案について同部会の了承を得て，同日，同省医薬食品局食品安全部は，都道府県などに対し，

① 暫定規制値に適合している食品については，健康への影響はないと一般的に評価され，安全は確保されている。

② しかし，厚生労働省としては，モニタリング検査の結果を確認すると食品中の放射性セシウムの検出濃度が，多くの食品で相当程度低下傾向にあることを踏まえ，より一層，食品の安全と安心を確保するため，食品から許容することのできる放射性セシウムの線量を，現在の年間5ミリシーベルトから年間1ミリシーベルトに引き下げることを基本として新たな規格基準設定のための検討を進めてきた。

③ 本日開催の同審議会の放射性物質対策部会において，食品衛生法第11条第1項に基づく食品中の放射性物質に係る基準値案が了承された。

④ 今後，文部科学省放射線審議会への諮問，WTO通報，パブリックコメント，国民への説明会を行った上，薬事・食品衛生審議会の答申を受けて，省令，告示などの改正を行う。

という内容の事務連絡を行った[16]。この文書中にある食品衛生法第11条は，次のとおりである。

第11条　厚生労働大臣は，公衆衛生の見地から，薬事・食品衛生審議会の意見を聴いて，販売の用に供する食品若しくは添加物の製造，加工，使

16　http://www.mhlw.go.jp/stf/houdou/2r9852000001zgqp-att/2r9852000001zgsd.pdf（2012年1月5日アクセス）

用，調理若しくは保存の方法につき基準を定め，又は販売の用に供する食品若しくは添加物の成分につき規格を定めることができる。

2　前項の規定により基準又は規格が定められたときは，その基準に合わない方法により食品若しくは添加物を製造し，加工し，使用し，調理し，若しくは保存し，その基準に合わない方法による食品若しくは添加物を販売し，若しくは輸入し，又はその規格に合わない食品若しくは添加物を製造し，輸入し，加工し，使用し，調理し，保存し，若しくは販売してはならない。

3　農薬（農薬取締法（昭和二十三年法律第八十二号）第一条の二第一項に規定する農薬をいう。次条において同じ。），飼料の安全性の確保及び品質の改善に関する法律（昭和二十八年法律第三十五号）第二条第三項の規定に基づく農林水産省令で定める用途に供することを目的として飼料（同条第二項に規定する飼料をいう。）に添加，混和，浸潤その他の方法によつて用いられる物及び薬事法第二条第一項に規定する医薬品であつて動物のために使用されることが目的とされているものの成分である物質（その物質が化学的に変化して生成した物質を含み，人の健康を損なうおそれのないことが明らかであるものとして厚生労働大臣が定める物質を除く。）が，人の健康を損なうおそれのない量として厚生労働大臣が薬事・食品衛生審議会の意見を聴いて定める量を超えて残留する食品は，これを販売の用に供するために製造し，輸入し，加工し，使用し，調理し，保存し，又は販売してはならない。ただし，当該物質の当該食品に残留する量の限度について第一項の食品の成分に係る規格が定められている場合については，この限りでない。

平成24年4月1日，厚生労働省は，上記4分類の基準値を施行した。

2　適切な保護の水準の観点からの問題

上記のような経緯の中で，適切な保護の水準の観点からの問題を指摘したい。

国民への説明の仕方

暫定規制値について，食品安全委員会が，規制値の根拠となる年間○○

mSvという数値について，「不適切ではない」「かなり安全側に立ったものである」と判断し，また所管大臣が，この結論が「科学的に立証されました」とコメントしていることには問題があると思われる。その問題とは，一つには科学機関でありリスク評価機関である食品安全委員会が，規制値の根拠となる年間○○mSvが「適切」で「十分安全」という，リスク管理の範疇にある事項についてコメントしているという点，さらに所管大臣が「十分安全」という結論が「科学的に立証された」と述べている点である。これらの説明では，食の安全基準や安全判断は，専ら科学機関による科学的判断だということになってしまっている。

さらに，暫定規制値の見直しについて厚生労働大臣が，「暫定規制値に適合している食品については，健康への影響はないと一般的に評価され，安全は確保されているが，より一層，食品の安全と安心を確保するため」（下線は筆者）と説明したことにも問題があるように思われる。このような説明は，基準値は低ければ低いほど，より「安全」でより「安心」だと言っているに等しく，これでは，ゼロが最も「安全」で「安心」だということになってしまい，国民のゼロリスク志向を一層強めたことが懸念される。同時に，科学的に決めたと述べていた安全基準がなぜコロコロ変わるのか，という不信感を生むとともに，それまでの暫定規制値が危険だったとの誤解を助長し，国の政策への信頼を低下させることになったのではないかと思われる[17]。実際，福島県伊達市長は，新たな規制値の施行について，「どこまで規制すれば『安全・安心』なのかについて国民的合意がない中で，厚労省はただ規制を厳しくすれば自分たちの責任を果たせると思っているのではないか……規制をいくら厳しくしても，子供を持つ親たちが抱いている放射能への強い不安が解消するとは考えにくい」（下線は筆者）と批判し，風評被害の拡大への懸念を表明した[18]。

17　放射線審議会においても，「暫定規制値で安全だと説明しているところへ新基準で消費者は疑心暗鬼になる」との懸念が表明された（『日本農業新聞』2012年1月18日）。また，国より厳しい独自基準を設けていたスーパーや食品メーカーの中には，新基準導入後に独自基準をさらに厳しくするところが登場した（『朝日新聞』2012年4月25日）。

18　『読売新聞』2012年2月23日。

以上のように放射性物質への対応又は説明においては，食品安全委員会や政府当局が，① 安全か否かの判断又は安全基準が科学（のみ）によって決定されるかのように述べている点，及び② リスク許容度についての議論がないままに安全基準は厳しければ厳しいほど「安全」で好ましいかのように述べている点において問題があるように思われ，これらの点は，適切な保護の水準の観点が欠落していることに関連するといえる。上記のような説明は，「安全性は科学的に，かつシロかクロかで決定されるものだ」という国民の誤解を正そうとせず，責任回避的説明になっていると考えられる。科学機関がどの程度の被ばくであればどの程度の健康リスクがあるかを評価し，その基礎の上に政治的責任の下に政策的判断として，どの程度の健康リスクを許容するか（適切な保護の水準），及びそのために被ばく許容限度をどのレベルに設定するのかを決定するべきであった。そして，このことが理解できるように国民向けに説明がなされる必要があったと思われる。

基準値について

新基準値の年間1ミリシーベルトという基準の意味については，「コーデックス委員会が，食品の介入免除レベル（特段の措置をとる必要がないと考えられているレベル）として年間1ミリシーベルトを採用したガイドラインを提示していることなどを踏まえ，……食料供給などに影響がない範囲内で合理的に達成可能な範囲でできる限り低い水準に線量を管理するALARA（As Low As Reasonably Achievable）の考え方に基づき，食品中に含まれる放射性物質の介入線量レベルを年間1ミリシーベルトと設定しています[19]」とのみ説明がなされている。いくつかの問題がある。

第一に，他のリスクと比較しての問題である。専門家は，「100ミリシーベルトの放射線を浴びた場合，がんが原因で死亡するリスクは最大約0.5%上昇。野菜嫌いの人や受動喫煙と同程度だ。運動不足や塩分の摂りすぎは200-500ミリシーベルト，喫煙や毎日3合以上飲酒した場合は2000ミリシーベルト以上の

19　厚生労働省「食品中の放射性物質に係る基準値の設定に関するQ&A について」（平成24年7月5日）http://www.mhlw.go.jp/shinsai_jouhou/dl/120412_2.pdf（2012年7月10日アクセス）

被ばくに相当。たばこや飲酒による発がんリスクは，被ばくと比べものにならないくらい高い。……もともと自然界から年間数ミリシーベルトを被ばくしている人間の細胞には，放射線で傷つけられたDNAを回復させる機能が備わっている。……汚染を気にして野菜や魚の摂取が減ったり，被ばくをおそれて……ストレスや運動不足の方ががんのリスクを高める[20]」と述べている。もちろん，「事故による被ばくによるリスクを，自発的に選択することができる他のリスク要因（例えば医療被ばく）などと単純に比較することは必ずしも適切ではない」が，「他のリスクとの比較は，リスクの程度を理解する上で有効な一助になる[21]」。放射線リスクについてのみ過度な規制をとることは，同様な状況間でのリスク規制の程度（保護の程度，適切な保護の水準）について区別することを意味し，法的には一貫性（consistency）原則の問題（第5章参照）といえよう。

第二に，厳格な規制に伴う費用や負担が，便益と比較して過大であることが指摘されている。平成24年4月の基準値の厳格化に際し，厳格化を推し進めようとする厚生労働省と，過度な厳格化は問題だとする文部科学省放射線審議会が対立した。最終的には，厚生労働省が押し切ったが，放射線審議会は，「規制値案の前提条件が過大である」などとする異例の意見をつけた。放射線審議会の意見の趣旨は次のとおりである。① 厚労省案は，食品の汚染割合を5割と非常に高く見積もっている[22]が，実際はほとんどの食品は不検出，② 従来の暫定規制値を続けても，放射性セシウムによる平均被ばく量は年間0.051ミリシーベルト（原発事故に関係なく，日常的に0.22ミリシーベルト被ばくしている）にすぎず，ほぼ無視できるリスクである。しかも，新規制値を導入しても0.008ミリシーベルトしか低くならないため，新規制値は放射線防護の効果を大きく

20　中川恵一東京大学放射線科准教授談，『産経新聞』2011年6月9日。

21　内閣官房「低線量被ばくのリスク管理に関するワーキンググループ報告書」（平成23年12月22日），para. 2.2。http://www.cas.go.jp/jp/genpatsujiko/info/twg/111222a.pdf（2012年5月21日アクセス）

22　先にも述べたとおり，コーデックス委員会は汚染割合を10%と仮定しているのに対し，わが国は汚染割合を飲料水，乳児用食品と牛乳は100%，一般食品を50%としたため，同じ年間1ミリシーベルト基準であるにもかかわらず，わが国の規制値はコーデックス基準に比べ10倍以上の厳しい値になった。

高める手段になるとは考えにくい。③ その一方で，厳格な規制によって，福島の生産者，流通業者の負担は，さらに増える[23]，というものである。これは，比例原則のうち狭義の比例性又は費用便益分析に関連する問題といえよう。

3　BSEへの対応をめぐる問題

平成13年にわが国で発生したBSE，いわゆる狂牛病への政府の対応について考える。まず，政府の対応の経緯をつぶさに追っていき，そのあと，適切な保護の水準の観点が欠落した政策決定の問題を考察する。

1　政府の対応の経緯

英国におけるBSE発生と世界的広がり

BSE（Bovine Spongiform Encephalopathy，牛海綿状脳症）は，牛の脳の組織にスポンジ状の変化を起こし，起立不能などの症状を示す遅発性かつ悪性の中枢神経系の疾病であり，潜伏期間は3～7年程度，発症すると消耗して死亡する。英国では3～6歳牛が主に発症した。BSEの原因は十分に解明されていないが，最近，最も受け入れられつつあるのは，プリオンという通常の細胞タンパクが異常化したものを原因とする考え方であるとされている[24]。

BSEは，英国で1986年に確認され，その後も，90年代に，BSE発症牛のほとんどが英国で発見されてきた。2001年からEUにおけると畜場でのBSE検査が開始されたことで，新たにBSE感染牛が見いだされる国の数が欧州各国を中心に増加した。OIE（Office International des Epizooties，国際獣疫事務局）の統計によると，英国のほか，ベルギー，デンマーク，フランス，ドイツ，アイルランド，イタリア，ルクセンブルク，オランダ，ギリシャ，スペイン，ポル

23　『読売新聞』2012年2月23日。福島の消費者団体も，次のように厚生労働省の方針に反対を唱えた。この基準の厳格化によって福島の農漁業者が最大の被害者となる。農作物の作付けがさらに大幅に制限され，地域経済が成り立たなくなる。その一方で，消費者にとっての安全性という面で変わらない，という。

24　厚生労働省「牛海綿状脳症（BSE）等に関するQ＆A」。http://www.mhlw.go.jp/topics/0103/tp0308-1.html#11q1（2012年2月1日アクセス）

トガル，フィンランド，オーストリア，スイス，リヒテンシュタイン，チェコ，スロヴァキア，スロベニア，ポーランド，イスラエル，カナダ[25]及び日本で国産牛の発生例が報告されている。BSE感染牛由来の肉骨粉が飼料として牛に給餌されたことが原因として世界的に広がったものと考えられている。

これまでの発生累計頭数は19万頭あまり，うち約18万5千頭が英国での発生であり，発生のピークは1992年で，90年代後半からは急激に減少している。[26]

肉骨粉の飼料が世界に広がってしまった経緯は，英国でBSEの発生が1986年に確認され，英国政府は1988年に，原因が疑われた肉骨粉の反すう動物への使用を禁止したが，そこで余った肉骨粉がEU諸国に輸出され，さらにEU諸国の使用禁止の後はEU以外の国への輸出が1995年まで続いたのであった。[27]

1996年3月20日，英国の海綿状脳症諮問委員会（Spongiform Encephalopathy Advisory Committee（SEAC））は，10名の新変異型クロイツフェルト・ヤコブ病（variant Creutz-feldt-Jakob disease：vCJD）を確認し，これらは若年層で発生することなど従来のCJDとは異なる特徴を有するとした。SEACは，BSEとvCJDの間に直接的な科学的証拠はないが，最も適当な説明としては，患者の発生は1989年の特定の内臓（Specified Bovine Offal）の使用禁止前にこれらを食べたことに関連があるとした。これによって，BSEと人の病気であるvCJDとの関連が示唆され，世界中に衝撃を与えた。vCJDと確定されたものは，2005年1月までに英国で153名，その他フランスで9名，アイルランドで2名，イタリア，米国及びカナダで各1名が報告された。[28]

わが国政府の対策

㋐　国内でのBSE発生まで

平成4年（1992年）にOIEの国際動物衛生規約にBSEの章が設けられるなどの国際的情勢の変化に対して，農林水産省は，① BSE発生国からの生きた牛

25　2003年12月に報告された米国での発生例はカナダから輸入された牛とされている。

26　食品安全委員会「我が国における牛海綿状脳症（BSE）の現状について」。http://www.fsc.go.jp/sonota/bse_iinchodanwa_200731.pdf（2012年2月1日アクセス）

27　厚生労働省・農林水産省「BSE問題に関する調査検討委員会報告（平成14年4月2日）第Ⅰ部の1。この報告書については，後述。

28　厚生労働省・前掲注（24）。

の輸入停止，② BSE発生国から輸入する肉骨粉に対する英国農漁食料省獣医局（当時）基準に沿った加熱処理条件の義務づけ，③ BSE発生国から輸入する牛肉からの危険部位の除去などの措置を行ったにとどまった。平成8年（1996年）4月にWHO（世界保健機関）から肉骨粉の使用禁止について勧告があり，農林水産省は「海綿状脳症に関する検討会」を開催し，この検討会の意見を受けて同月，肉骨粉の使用禁止について行政指導を行った。しかし，この行政指導が徹底していなかったことは平成13年9月のBSE発生後の調査で明らかになった。法的規制になったのは平成13年10月である[29]。

さらに，農林水産省は平成13年（2001年）1月1日から家畜伝染病予防法に基づきBSE発生国から生体牛及び食肉の輸入を禁止した。

厚生労働省は，同年2月から，食品衛生法に基づき，BSEにかかり，若しくはその疑いがある獣畜の肉，骨及び臓器の販売，加工などを禁止するとともに，EU諸国などからのすべての牛肉製品などの輸入禁止を実施した。食品衛生法第9条（旧第5条）で特定疾病にかかった獣畜の肉などの販売などを禁止していることから，厚生労働省令を改正し，特定疾病に「伝達性海綿状脳症」を追加したものである。さらに，この改正によって，獣畜の肉などを原材料とする食肉の輸入に際しては，輸出国政府によって発行されたBSE又はその疑いがあるものでない旨の証明書の添付が必要となったのであるが，同年2月15日付の医薬局食品保健部監視安全課長名の通達において，EU諸国などからの牛肉などについては「証明書を受け入れないこととし，食品衛生法第5条第2項に違反するものとする」よう取り扱いを定めた[30]。食品衛生法第9条（旧第5条）の規定は，次のようになっている。

食品衛生法
（病肉等の販売等の禁止）
第9条　第一号若しくは第三号に掲げる疾病にかかり，若しくはその疑いがあり，第一号若しくは第三号に掲げる異常があり，又はへい死した獣畜（と畜場法（昭和二十八年法律第百十四号）第三条第一項に規定する獣畜及び厚

29　厚生労働省・農林水産省・前掲注（27）。
30　厚生労働省・前掲注（24）。

生労働省令で定めるその他の物をいう。以下同じ。）の肉，骨，乳，臓器及び血液又は第二号若しくは第三号に掲げる疾病にかかり，若しくはその疑いがあり，第二号若しくは第三号に掲げる異常があり，又はへい死した家きん（食鳥処理の事業の規制及び食鳥検査に関する法律（平成二年法律第七十号）第二条第一号に規定する食鳥及び厚生労働省令で定めるその他の物をいう。以下同じ。）の肉，骨及び臓器は，厚生労働省令で定める場合を除き，これを食品として販売し，又は食品として販売の用に供するために，採取し，加工し，使用し，調理し，貯蔵し，若しくは陳列してはならない。ただし，へい死した獣畜又は家きんの肉，骨及び臓器であつて，当該職員が，人の健康を損なうおそれがなく飲食に適すると認めたものは，この限りでない。

一　と畜場法第十四条第六項各号に掲げる疾病又は異常

二　食鳥処理の事業の規制及び食鳥検査に関する法律第十五条第四項各号に掲げる疾病又は異常

三　前二号に掲げる疾病又は異常以外の疾病又は異常であつて厚生労働省令で定めるもの

2　獣畜及び家きんの肉及び臓器並びに厚生労働省令で定めるこれらの製品（以下この項において「獣畜の肉等」という。）は，輸出国の政府機関によって発行され，かつ，前項各号に掲げる疾病にかかり，若しくはその疑いがあり，同項各号に掲げる異常があり，又はへい死した獣畜又は家きんの肉若しくは臓器又はこれらの製品でない旨その他厚生労働省令で定める事項（以下この項において「衛生事項」という。）を記載した証明書又はその写しを添付したものでなければ，これを食品として販売の用に供するために輸入してはならない。ただし，厚生労働省令で定める国から輸入する獣畜の肉等であつて，当該獣畜の肉等に係る衛生事項が当該国の政府機関から電気通信回線を通じて，厚生労働省の使用に係る電子計算機（入出力装置を含む。）に送信され，当該電子計算機に備えられたファイルに記録されたものについては，この限りでない。

⑷　国内でのBSE発生を受けた対策

平成13年9月10日，わが国でBSEを疑う牛が確認されたことが発表され，日本全国に大きな衝撃を与えた。この事態に対し，厚生労働省及び農林水産省では，同年10月，と畜牛についての全頭検査及び特定危険部位（SRM：Specified Risk Material）除去などの諸対策（欧州各国よりも厳しい）を開始した。全頭検査とした理由は，牛の月齢が必ずしも確認できなかったこと，国内でBSE感染牛が初めて発見され国民の間に強い不安があったことなどの状況を踏まえたものであった。[31] 平成14年7月4日には，牛海綿状脳症対策特別措置法が施行された。この法律は，BSE発生時に本法で定める基本計画に基づいてBSE対策のための措置を講ずること，また，牛の肉骨粉を原料などとする飼料の使用禁止，と畜場におけるBSE検査やSRMの除去，牛に関する情報の記録などについて規定している。

この結果，この時点におけるわが国の主なBSE対策を整理すると，次のとおりであった。[32]

(a)　飼 料 規 制

「飼料の安全性の確保及び品質の改善に関する法律」（飼料安全法）第3条第1項に基づき，BSEの感染源と考えられる牛由来の肉骨粉を，牛などの反すう動物をはじめ，全ての家畜用飼料として利用することを禁止。飼料安全法第3条第1項は，次のとおり。

飼料安全法

（基準及び規格）

第3条　農林水産大臣は，飼料の使用又は飼料添加物を含む飼料の使用が原因となつて，有害畜産物（家畜等の肉，乳その他の食用に供される生産物で人の健康をそこなうおそれがあるものをいう。以下同じ。）が生産され，又は家畜等に被害が生ずることにより畜産物（家畜等に係る生産物をいう。以下同じ。）の生産が阻害されることを防止する見地から，農林水産省令で，

31　同上。

32　厚生労働省・前掲注（24），厚生労働省・農林水産省・前掲注（27）などを基に筆者が整理した。なお，厚生労働省・前掲注（24）によれば，これまでにわが国でBSE感染が確認された牛は，死亡牛も含め36頭であるが，飼料規制以降に生まれた牛には，飼料規制開始直後に生まれた1頭を除きBSE検査陽性牛は確認されておらず，飼料規制をはじめとする上記対策が効果を上げている，とされている。

飼料若しくは飼料添加物の製造，使用若しくは保存の方法若しくは表示につき基準を定め，又は飼料若しくは飼料添加物の成分につき規格を定めることができる。

(b)　と畜場におけるBSE検査

食用を目的とした獣畜のとさつ解体は，と畜場法第14条に基づき，都道府県等のとさつ前及びとさつ後の検査を経なければならないことになっている。このうち，とさつ後検査については，牛海綿状脳症対策特別措置法第7条第1項及び同法施行規則第1条に基づき，月齢0か月以上（すべての月齢）の牛を対象とする（いわゆる全頭検査）。また，と畜場法第16条に基づき，BSE罹患牛を食用とすることを禁止。このうち，牛海綿状脳症対策特別措置法第7条第1項は，次のとおり。

牛海綿状脳症対策特別措置法

（と畜場における牛海綿状脳症に係る検査等）

第7条　と畜場内で解体された厚生労働省令で定める月齢以上の牛の肉，内臓，血液，骨及び皮は，別に法律又はこれに基づく命令で定めるところにより，都道府県知事又は保健所を設置する市の長の行う牛海綿状脳症に係る検査を経た後でなければ，と畜場外に持ち出してはならない。ただし，と畜場法（昭和二十八年法律第百十四号）第十四条第三項ただし書に該当するときは，この限りでない。

2　と畜場の設置者又は管理者は，別に法律又はこれに基づく命令で定めるところにより，牛の脳及びせき髄その他の厚生労働省令で定める牛の部位（次項において「牛の特定部位」という。）については，焼却することにより衛生上支障のないように処理しなければならない。ただし，学術研究の用に供するため都道府県知事又は保健所を設置する市の長の許可を受けた場合その他厚生労働省令で定める場合は，この限りでない。

3　と畜業者その他獣畜のと殺又は解体を行う者は，別に法律又はこれに基づく命令で定めるところにより，と畜場内において牛のと殺又は解体を行う場合には，牛の特定部位による牛の枝肉及び食用に供する内臓の汚染を防ぐように処理しなければならない。

(c)　SRM除去

と畜場法第6条及び第9条（平成17年7月からは，牛海綿状脳症対策特別措置法第7条第2項・第3項）に基づき，と畜場でのSRM除去を義務付け。

(d)　BSE発生国から食肉等の輸入禁止

食品衛生法第9条及び家畜伝染病予防法に基づき，BSE発生国から生体牛及び食肉の輸入を禁止。EU諸国産牛肉は前述のとおり平成13年（2001年）1～2月から輸入禁止しており，カナダ産と米国産牛肉も平成15年（2003年）5月と12月から，それぞれ輸入禁止になった。食品衛生法第9条の規定は，前掲。

(ウ)　国内対策の見直し

BSE事件が大きな契機となって食品安全基本法が制定され（平成15年7月1日施行），同法に基づき内閣府に食品安全委員会が設置された。食品安全委員会は，直ちにBSE問題に取り組み，平成16年9月，「日本における牛海綿状脳症（BSE）対策について（中間とりまとめ）」[33]をとりまとめ公表するとともに，厚生労働省及び農林水産省に通知した。この報告書は，わが国におけるBSE対策（管理措置）を検証することを目的に，牛から人へのBSEプリオンの感染リスクの低減効果を検討したものであった。

同報告書は，わが国におけるvCJD感染のリスク評価を行うには，(i)どれほどのBSEプリオンが食物連鎖に入り，牛と人との間の種間バリアを超えて，どれだけの人に対してvCJDリスクを与えるのかについて，BSEプリオンが人に摂取されるまでのそれぞれの段階でのリスクを評価し，それらのリスクを基に一連の流れを通して最終的なリスクを評価する方法と，(ii)疫学的な手法として，vCJD感染者数はBSE発生頭数に相関するなどの仮定のもと，過去のBSE感染牛発生頭数と現時点までに発生したvCJD患者数などの疫学的情報を用いて将来発生するvCJD患者数を予測する考え方を利用する方法があるが，(i)の方法については，不明な点が多く実施は困難であり，(ii)の疫学的な情報を基にしたアプローチにより，現行のBSE対策がとられる前と後に分けて試算

33　食品安全委員会「日本における牛海綿状脳症（BSE）対策について（中間とりまとめ）」http://www.fsc.go.jp/sonota/chukan_torimatome_bse160913.pdf（2012年2月1日アクセス）

を行った。

BSE対策がとられる前については，日本人のvCJD感染リスクを0.1人～0.9人とした（英国でのBSE感染牛が推定100万頭に対しvCJD患者が147人，わが国のBSE対策前の感染牛が推定5～35頭)。現行のBSE対策がとられた後の，つまり今後のvCJD感染リスクについては，「さらにBSE感染牛が確認される可能性があると推定されるが，食品を介して人のvCJDを起こすリスクは，現在のSRM除去及びBSE検査によって効率的に排除されているものと推測される」とのみ述べ，具体的な推計値を示さなかった。

同報告書は，さらに，「BSE検査については，① 異常プリオンたん白質量が検出限界以下であれば陰性と判定されるという技術的な検出限界があり，② 検出限界程度の異常プリオンたん白質を延髄閂部に蓄積するBSE感染牛が，潜伏期間のどの時期から発見することが可能となり，それが何か月齢の牛に相当するのか，現在のところ断片的な事実しか得られていない（英国における感染試験での結果からは，投与後32か月頃にならないと異常プリオンたん白質が検出限界以上に蓄積しないと解釈できる）が，一方，わが国における約350万頭に及ぶ検査により20か月齢以下のBSE感染牛を確認することができなかった（わが国では，21か月齢と23か月齢で2頭発見された）ことは，今後のわが国のBSE対策を検討する上で十分考慮に入れるべき事実である」[34]と述べた。

要するに，BSE検査には，潜伏期間中の若齢牛（それが何か月齢かは明らかではないが）では病原体がごく微量で技術的に検出は困難であり，またこのような牛を検査対象から外しても，SRMの除去がきちんと行われておればこれまでと安全性に変わりはないということで，結論的には，20か月齢以下の牛を検査対象から外そうという政府の方針を事実上容認する方向を示唆した。

厚生労働省及び農林水産省は，この「中間とりまとめ」を受けてBSE対策の見直しについて検討を行い，① と畜場におけるBSE検査（検査の対象を全月齢から21か月齢以上へ緩和)，② SRMの除去の徹底，③ 飼料規制の実効性確保の強化，④ BSEに関する調査研究の一層の推進の4項目についてBSE対策の

34　同上，17-21頁。

見直しをとりまとめた。平成16年10月15日，両省はこの見直し案を食品安全委員会に諮問した。諮問の内容は，「食品安全基本法第24条第1項13号及び同条第3項の規定に基づき，下記事項に係る同法第11条第1項に規定する食品健康影響評価について，意見を求め」るというもので，「下記事項」として，上記①～④の項目を挙げた。そのなかで見直しの柱は，全月齢検査から21か月齢以上検査への緩和の点であった。

食品安全委員会は，翌年平成17年（2005年）5月6日に「我が国における牛海綿状脳症（BSE）対策に係る食品健康影響評価」[35]をとりまとめ，両省に答申した。BSE検査対象月齢の見直しについての結論は，次のようなものであった。「2005年4月からと畜場におけるBSE検査対象牛を全年齢から，21か月齢以上の牛に変更した場合について，生体牛における蓄積度と食肉の汚染度を定性的に比較した結果，食肉の汚染度は全頭検査した場合と21か月齢以上を検査した場合のいずれにおいても「無視できる」～「非常に低い」と推定された。定量的評価による試算でも同様の推定が得られた。これらの結果から，検査月齢の線引きがもたらす人に対する食品健康影響（リスク）は，非常に低い水準の増加にとどまるものと判断される」[36]。

厚生労働省は，この答申を踏まえて，同年7月1日に，と畜場におけるBSEに係る検査の対象となる牛の月齢を規定する厚生労働省関係牛海綿状脳症対策特別措置法施行規則第1条を改正し，BSE検査の対象月齢を0か月齢以上から21か月齢以上とした（同年8月1日施行）[37]。

㈡　米国・カナダ産牛肉の輸入規制の見直し

35　食品安全委員会「我が国における牛海綿状脳症（BSE）対策に係る食品健康影響評価」http://www.fsc.go.jp/bse_hyouka_kekka_170609.pdf（2012年2月1日アクセス）

36　同上，31頁。

37　なお，こうして全頭検査の義務付けは廃止されたのだが，全頭検査を自主的に継続する都道府県には検査費用を補助する制度が3年間の経過措置として設けられた。この補助制度も平成20年（2008年）7月末で終了したが，なお全都道府県が独自予算で全頭検査を継続した。その後，平成25年（2013年）4月にBSE検査対象月齢30か月超に，さらに7月からは48か月超に見直されることになり，厚生労働省は同年4月，全地方自治体に対し全頭検査を見直すように依頼し，同年6月中に全地方自治体において全頭検査は一斉に廃止されることになった。

前述のように，2001年から食品衛生法と家畜伝染病予防法に基づき，EU諸国などBSE発生国からの牛肉などの輸入を禁止し，2003年にカナダと米国でBSE牛を確認したことから，カナダ産については同年5月21日に，米国産については12月26日に，両国から輸入される牛肉などの輸入を禁止した。

その後，米国産及びカナダ産の牛肉などの輸入再開に向けた日米両政府の協議が開始され，2004年10月23日，第4回日米局長級協議で日米両国政府は，食品安全委員会による審議を含む国内の承認手続を条件とし，米国側が「日本向け牛肉等輸出プログラム」を設けることを前提に，わが国が米国産牛肉の輸入を再開することで合意した。「日本向け牛肉等輸出プログラム」は，① SRMは全月齢の牛から除去すること，及び ② 牛肉などは個体月齢証明などを通じ20か月齢以下と証明される牛由来とすることを内容とするものであった。20か月齢以下という輸入条件は，当時食品安全委員会に諮問していた前述の国内対策の見直し内容を踏まえたものであった。カナダとの間についても同様のことが行われた。

2005年5月6日に国内対策の見直しに関する食品安全委員会の答申が厚生労働省及び農林水産省に通知されたのを受けて，5月24日，両省は食品安全委員会に対し，食品安全基本法第24条第3項の規定に基づき，次の事項に係る食品健康影響評価について諮問した。諮問内容は，「現在の米国・カナダの国内規制及び日本向け輸出プログラムにより管理された米国・カナダから輸入される牛肉などを食品として摂取する場合と，わが国でと畜解体して流通している牛肉などを食品として摂取する場合のBSEに関するリスクの同等性」について意見を求めるというものであった[38]。

食品安全委員会は，同年12月8日，「米国及びカナダ産牛肉等に係る食品健康影響評価」[39]を両省に答申した。結論は，「米国・カナダに関するデータの質・

38　http://www.fsc.go.jp/hyouka/hy/hy-uke-bunsyo-170516-usabeef.pdf（2012年2月1日アクセス）

39　食品安全委員会「『米国・カナダの輸出プログラムにより管理された牛肉・内臓を摂取する場合と，わが国の牛肉に由来する牛肉・内臓を摂取する場合のリスクの同等性』に係る食品健康影響評価について」http://www.fsc.go.jp/sonota/bse_hyouka_kekka_171208.pdf（2012年2月1日アクセス）

量ともに不明な点が多いこと，管理措置の遵守を前提に評価せざるをえなかったことから，米国・カナダのBSEリスクの科学的同等性を評価することは困難」としつつ，「リスク管理機関から提示された輸出プログラム（全頭からのSRM除去，牛肉は20か月齢以下の牛等）が遵守されるものと仮定した上で，米国・カナダの牛に由来する牛肉等とわが国の全年齢の牛に由来する牛肉等のリスクレベルについて，そのリスクの差は非常に小さいと考えられる」[40]というものであった。

この答申を踏まえて，両省は同月，上記輸出プログラムの遵守を条件に米国・カナダ産牛肉などの輸入再開を決定した。[41]

(オ)　最近における国内対策・輸入規制の再見直し

前述した平成16年（2004年）10月の日米協議で米国産牛肉の輸入再開に向けての条件を決定した合意において，国内でBSEと判定された21か月齢と23か月齢の2頭の牛の脳を使ったマウスへの感染性実験が，条件見直しに向けた科学的検討の材料の一つに挙げられていた。世界的にも珍しい若齢での感染だったことや，判定の基礎になる異常プリオンたんぱく質の量が微量のためであった。その後厚生労働省はこの実験を続けてきたが，その結果感染性が確認されなかったことが，平成19年（2007年）5月9日までに明らかとなった。[42]この2頭の牛は，国内のBSE検査を（高月齢牛だけでなく）21か月齢以上とするとともに，米国産牛肉の輸入を20か月齢以下に制限している根拠の一つであるため，「今後の日米交渉に影響を与える可能性もある」[43]と評された。

平成23年（2011年）12月19日，両省は国内対策及び輸入規制の見直し案についての食品健康影響評価を食品安全委員会に諮問した。[44]諮問の内容は，「食品安全基本法第24条第1項1号，6号及び13号並びに同条第3項の規定に基づき，

40　同上，32頁。

41　但し，その後，輸出プログラム違反の混載事例が発覚して輸入が停止された時期（2006年1月20日～7月27日）があった。

42　『日本農業新聞』2007年5月10日。

43　同上。

44　http://www.mhlw.go.jp/stf/houdou/2r9852000001yl0m.html（2012年2月1日アクセス）

下記事項に係る同法第11条第1項に規定する食品健康影響評価について，意見を求め」るというもので，「下記事項」の柱となるのは，① と畜場におけるBSE検査の改正（検査の対象を20か月齢超から30か月齢超へ緩和。その後さらに緩和），② 輸入を認める牛肉の月齢の改正（20か月齢以下から30か月齢以下へ緩和。その後さらに緩和），③ 特定危険部位（SRM）の除去の規制の一部緩和である。この諮問の背景については，以下の点が挙げられている。

(i) BSE対策を開始して10年が経過することから，過去10年間の対策の取り組み，国際的な状況などを踏まえ，食品安全上の対策全般について，最新の科学的知見に基づき再評価を行うことが必要となっていること。

(ii) 前回の食品安全委員会の食品健康影響評価から国内措置については6年が経過し，これまでのBSE検査の結果，平成13年に導入された飼料規制の効果，若齢のBSE検査陽性牛のマウスによる試験の結果，国内外の感染実験の結果などの新たな知見を踏まえ，対策の見直しが必要であること。

(iii) 国境措置についても，米国産及びカナダ産の牛肉などについては前回の食品安全委員会のリスク評価から6年が経過したほか，他のBSE発生国産の牛肉などについては平成13年以降暫定的に輸入禁止措置を講じており，これらの再評価が必要となっていること。

(iv) OIE基準よりも高い水準の措置を維持する場合には科学的な正当性を明確化する必要があること。

平成24年（2012年）10月22日，食品安全委員会は，「牛海綿状脳症（BSE）対策の見直しに係る食品健康影響評価」[45]をとりまとめ，両省に答申した。その主な内容は，

(i) 評価対象の日本及び他の4か国に関しては，諮問対象月齢である30か月齢以下の牛由来の牛肉及び牛内臓（扁桃及び回腸遠位部以外）の摂取に由来するBSEプリオンによる人でのvCJD発症は考え難い。

(ii) したがって，諮問内容のうち，

(ア) 国内措置に関して，検査対象月齢に係る規制閾値が「20か月齢」の

45　食品安全委員会「牛海綿状脳症（BSE）対策の見直しに係る食品健康影響評価」http://www.fsc.go.jp/sonota/bse/bse_hyoka_an.pdf（2012年10月31日アクセス）

場合と「30か月齢」の場合のリスクの差は，あったとしても非常に小さく，人への健康影響は無視できる。

(イ)　米国，カナダ，フランス及びオランダに係る国境措置に関し，月齢制限の規制閾値が「20か月齢」（フランス及びオランダについては「輸入禁止」）の場合と「30か月齢」の場合のリスクの差は，あったとしても非常に小さく，人への健康影響は無視できる。

などというもので，つまり，諮問内容どおりの緩和を容認するものとなった。

上記内容の改正は，輸入規制については平成25年（2013年）2月，国内措置については同年4月に施行された。さらに，同年5月，食品安全委員会において国産牛のBSE検査対象月齢を48か月超に引き上げ可能との食品健康影響評価がとりまとめられ，この見直しは同年7月に施行された。

以上のわが国における主要なBSE対策の経緯を，表7-1に整理した。

2　適切な保護の水準の観点からの問題

BSE対策において，保護の水準がどの程度に設定されているかは明確でない。実際にとられている措置から，どの程度に設定されているかを推し量ってみる。

前述のように，食品安全委員会は，平成16年（2004年）9月の中間とりまとめにおいて，日本人のvCJD感染リスクを試算し，BSE対策がとられる前については，日本人のvCJD感染リスクを0.1人～0.9人とした。また現行のBSE対策がとられた後のvCJD感染リスクについては，「食品を介して人のvCJDを起こすリスクは，現在のSRM除去及びBSE検査によって効率的に排除されているものと推測される」とのみ述べ，具体的な推計値を示さなかった。また，平成17年（2005年）5月6日の「わが国における牛海綿状脳症（BSE）対策に係る食品健康影響評価」においては，「食肉の汚染度は全頭検査した場合と21か月齢以上検査した場合いずれにおいても「無視できる」～「非常に低い」と推定された。定量的評価による試算でも同様の推定が得られた。これらの結果から，検査月齢の線引きがもたらす人に対する食品健康影響（リスク）は，非常に低いレベルの増加にとどまるものと判断されるとした。このような評価結果から，対策をとる前でも日本人のvCJD感染リスクは非常に小さく，BSE対策はさら

表7-1　主要なBSE対策の経緯

国内対策	輸入規制
	平成13年（2001年）1月1日から農林水産省はBSE発生国から生体牛及び食肉の輸入を禁止。厚生労働省も2月からEU諸国などからのすべての牛肉製品などの輸入禁止を実施。
平成13年9月10日，わが国でBSE陽性牛を確認。平成13年10月，厚生労働省及び農林水産省は，①飼料規制（牛由来の肉骨粉の飼料としての利用を禁止），②と畜場におけるすべての月齢の牛を対象とする全頭検査，③と畜場でのSRM除去を義務付けなど。 平成14年7月4日，牛海綿状脳症対策特別措置法施行。	
平成15年5月，食品安全基本法公布，同年7月1日施行。同日付で同法に基づき内閣府に食品安全委員会を設置	
	平成15年（2003年）カナダと米国でBSE牛を確認。 同年5月21日にカナダ産，12月26日に米国産について，牛肉などの輸入を禁止。
平成16年9月，食品安全委員会「日本における牛海綿状脳症（BSE）対策について（中間とりまとめ）」。①vCJDを起こすリスクは，現行対策によって効率的に排除。②20か月齢以下のBSE感染牛を確認することができなかったことは，今後のわが国のBSE対策を検討する上で十分考慮に入れるべき。	
平成16年10月15日，両省は，全頭検査から21か月齢以上への見直し案を食品安全委員会に諮問。	平成16年（2004年）10月23日，第4回日米局長級協議で，米国産牛肉輸入再開に向け，SRM除去と20か月齢以下を証明する「日本向け牛肉など輸出プログラム」を設けることで合意。

国内対策	輸入規制
平成17年5月6日，食品安全委員会は，諮問案を了承する内容の「我が国における牛海綿状脳症（BSE）対策に係る食品健康影響評価」を両省に答申。 同年7月1日，厚生労働省は，この答申を踏まえて，BSE検査の対象を21か月齢以上に緩和（同年8月1日施行）。	平成17年（2005年）5月24日，両省は食品安全委員会に対し，米国牛と国産牛とのリスクの差についての食品健康影響評価について諮問。
	平成17年（2005年）12月8日，食品安全委員会「米国及びカナダ産牛肉などに係る食品健康影響評価」答申。 この答申を踏まえて，両省は同月，上記輸出プログラムの遵守を条件に米国・カナダ産牛肉などの輸入再開を決定。
平成23年12月19日，両省は国内対策・輸入規制の見直し案（① BSE検査の対象を20か月齢超から30か月齢超へ緩和，② 輸入を認める牛肉の月齢を20か月齢以下から30か月齢以下へ緩和など）についての食品健康影響評価を食品安全委員会に諮問。	同左。
平成24年10月22日，食品安全委員会は，諮問案を容認する内容の「牛海綿状脳症（BSE）対策の見直しに係る食品健康影響評価」を両省に答申。	同左。
平成25年（2013年）4月，BSE検査の対象を20か月齢超から30か月齢超へ緩和。 平成25年（2013年）7月，BSE検査の対象を30か月齢超から48か月齢超へ緩和。	平成25年（2013年）2月，輸入規制の見直し（輸入を認める牛肉の月齢を20か月齢以下から30か月齢以下へ緩和）を施行。

（出所）　本文引用のさまざまな文書を基に筆者が整理。

にそれを引き下げるものである。したがって，BSE対策の保護の水準は極めて高い水準（「受け容れられるリスクの水準」は，「無視できる」ないし「非常に低い水準」）になっていると考えられる。

このような状況で，特に全頭検査の意義を問う声が以前から出されていた。検出限界の問題があることから，全頭検査は科学的根拠に乏しく，無駄無用な対策であるとの批判が各方面からなされてきた。そうした科学的側面からの疑問もあるが，全頭検査の背景には，「危険なものと安全なものとに二分し，安全なものには担当官庁が安全マークを貼るというゼロリスクの構図」[46]があり，全頭検査の問題の本質は，むしろゼロリスクを政策目標としているかのような政策のあり方なり説明の仕方であるといえる[47]。「どの程度のリスクなら受け容れられるのか，費用と効果のバランスをどこにおくのか，これらの点についての合意を得ておくことが重要」[48]，あるいは「全頭検査でリスクが減ることは間違いないが，われわれは，どこまで減らすべきか……そこが議論すべき問題である。……BSEのように新しい現象が現れると国民の不安としてのリスクの大きさはとてつもなく大きくなるが，それをそのまま受容してそれを基に政策が決まるようになると非常に無駄が大きくなる。全頭検査はそのような政策決定である。意思決定のためのリスクの大きさを適切に選ぶことが今後ますます重要になる」[49]と既にコメントされているが，これらの的確な指摘は，本書にいう適切な保護の水準の観点の欠落を指しているといえる。

46　唐木英明「安全の費用」『安全医学』1（1），2004年3月。

47　中谷内氏は，「「全頭」という言葉のために，消費者は「感染牛をすべてはじき出せている」という印象を抱いてしまう。供給側もそれ以上の説明をせず，幻想を抱く消費者を黙認している」と指摘する（中谷内一也「リスクも伝えて信頼を」『朝日新聞』2012年11月11日）。

48　唐木・前掲注（46）。

49　中西準子『環境リスク学』（日本評論社・2004年）186頁。なお，前掲注（37）にあるように，国の制度としての全頭検査は平成17年に廃止されたものの各自治体において継続され，平成25年6月に完全に廃止されるに至った。

4　わが国の食品安全政策の課題 ——適切な保護の水準に関連して

1　放射能物質・BSE両対策共通の課題

以上から共通の課題として見えてくるのは，安全基準や安全規制は，科学的な基礎の上に経済的及び社会的要因を勘案し「どの程度のリスクまで考慮する（許容する，受け容れる）か」という観点から決まる基準であるということを，国民に向かって丁寧に説明することの重要性である。この「どの程度のリスクまで考慮する（許容する，受け容れる）か」つまり適切な保護の水準については，冒頭に記したように，さまざまな文書において明確に位置づけされているにもかかわらず，上で見たごとく，実際の重要な政策決定場面では，政府当局が，① ある食品が「安全」か否か，あるいは安全政策が，専ら科学によって決定されるかのように述べていたり，② とっている政策が，リスクがゼロではない適切な保護の水準の達成を目標としていることを明確に示さず，ゼロリスクを達成できるかのように印象づけを図っている，という二つのパターンにおいて，適切な保護の水準の観点が欠落しているといえるだろう[50]。

2　リスク管理ルールにおける適切な保護の水準

食品安全基本法は，「食品安全基本法の安全性の確保は，……科学的知見に基づいて講じられることによって……国民への健康への悪影響が未然に防止されるようにすることを旨として，行わなければならない」（第5条）として科学的原則を述べるとともに，「食品の安全性の確保に関する施策の策定に当たっては，食品を摂取することにより人の健康に悪影響が及ぶことを防止し，及び

50　ただし原発事故やBSE危機のような緊急事態における初動の対応については，危機管理の面から国民の不安を鎮めるために平時の対応とは異なることにやむをえない場合がある点には留意する必要があろう。BSE危機時における初期対応のあり方について，武本俊彦『食と農の「崩壊」からの脱出』（農林統計協会・2013年）191-216頁参照。

抑制するため，国民の食生活の状況その他の事情を考慮するとともに，前条第1項又は第2項の規定により食品健康影響評価が行われたときは，その結果に基づいて，これが行われなければならない」(第12条) と規定する。「国民の食生活の状況その他の諸事情を考慮する」の意味については，「食品健康影響評価があくまでも科学的知見に基づく評価であるのに対して，リスク管理は，社会・経済活動の規制などを伴う行政的対応であり，科学的知見以外の諸事情も考慮したうえで措置の内容を定めるべきである[51]」とされている。この中には，適切な保護の水準も含まれると解されるものの，明示されていない。

次に，『農林水産省及び厚生労働省における食品の安全性に関するリスク管理の標準手順書』は，リスク管理と保護の水準について，次のように述べている。「リスク管理措置案を検討する場合には，国民の健康の保護が最優先の目的であるという基本的認識に立った上で，科学的な根拠以外の要素，例えば実行可能性やコストなども考慮しなければならない」(para. 3.2)。「食品安全行政においては，適切な保護の水準を確保するためのリスクの大きさに見合う措置を実施しなければならない」(para. 3.3)。「保護の水準を決定するときは，ヒトに対する健康影響に関する科学的事実だけでなく技術的可能性，費用対効果，社会的な状況，別のリスク（食品安全に関するもの以外も含む。）発生の可能性などを見極める必要がある」(脚注4)。「リスク管理者は，リスク管理によって達成したい適切な保護の水準を考慮して複数のリスク管理措置案……を作成(する)」(para. 5.1)。

また先行研究において，「リスク管理（は,）……社会的に許容できるリスク目標を設定して，その水準以内にリスクを抑えるためのさまざまな方策を実行していく機能である[52]」，「リスク対策の要諦は，リスク全体をどのように制御するかにある。深刻なAのリスクを制圧するためにわずかなBのリスクを受け入れられるかどうかは，社会的に判断すべきことであろう。そのために，リスクは常に相対化して議論しなければならない……」との記述[53]は，適切な保護の水準について述べたものであるし，高橋（梯）氏は，これまでの食品安全政策は

51　食品安全委員会『食品安全』第26号，2011年3月。

52　中嶋康博『食の安全と安心の経済学』（コープ出版・2004年）51, 106, 116, 207頁。

科学的視点に重点が置かれ人文・社会科学的視点の検討が十分でなく，今後は食の「安心」の議論が重要であること，また消費者はリスクを減じるための社会的・経済的コストやトレードオフ関係にある他のリスクを考慮して受け容れられるリスクを選択して行動する必要があること，そのため安全・安心の確保の努力には消費者にも参加が求められることを指摘する[54]。

このように適切な保護の水準決定はさまざまな公的文書及び先行研究において位置づけられ，その決定の必要性が有識者によって指摘されてはいるものの，「本来は，リスクマネージメント措置案を検討する前に，リスクマネージメントによって達成したい適切な保護の水準を考慮する必要があるのですが，これを関係者とのコミュニケーションで決定するのは非常に困難[55]」という実情のためか，放射性物質問題にあるような具体的な政策決定に当たって，適切な保護の水準が定められた上でそれに見合った措置が講じられているようには思われない。

このような実態は，上で見たように問題を生じさせており，今日，適切な保護の水準は，現実の食品安全政策において明示的に取り入れられるべきである。消費者に対して適切な保護の水準の概念を明示し，その説明を通じて，安全基準や安全性判断が科学的評価だけでなく規範的判断を含むものであること，並びに残存リスクがあることが国民の間に広く認識されることが重要と思われる。また，このことを確実に進めるために，EU規則[56]などと同様，食品安全基本法上も適切な保護の水準の概念及びそれを前提にしたリスク管理ルールを明記することが検討される必要がある。

3　食の「安全」の定義と相対的安全性

以上述べてきたことと関連して，食の「安全」の定義についても検討する必

53　中嶋康博「食の安全・信頼の制度と経済システム」『フードシステム研究』19 (2)，2012年9月，55-61頁。

54　高橋梯二『食品の安心に関する研究報告書（食品の安心研究プロジェクト委員会）』，2013年7月。

55　山田友紀子「リスクアナリシス（その6）」『月刊食料と安全』第5巻，2007年1月，27-28頁。

要があろう。

従来からなされてきた説明を見ると，食の「安全・安心」という形で呼称されることが多いことから，「安心」と並べて「食の安全はあくまでも科学的な評価によってもたらされるものであり，食の安心は情報の公開・提供，危機管理の方策などによってもたらされるもの[57]」，「安全度は，科学的手法を用いた測定値として示すことが可能な客観的な尺度であり，一方，安心度はあくまで人間が感じる主観的尺度である」，「安全対策とは，科学的にリスク評価を行い，適切なリスク管理を実行することである。そして安心対策は，リスクコミュニケーションを通じて，リスク評価の内容を開示し，リスク管理の妥当性を説明していくことが求められる[58]」などと説明される。他方，「安全・安心」と並べての使用に疑問を呈し「安心」は客観的な論議の対象にはならないとする立場から，「安全は科学的評価によってもたらされるものであり，一方，安心は人それぞれの判断に委ねられるもの[59]」という説明もある。これらにおいては，「安全」の科学的客観性，「安全」と「安心」とは別物であり区別すべきことなどが説かれている。

56　EUの食品安全政策に関する基本的な原則を定めるのは，2002年の「食品法の一般原則を定める規則」（食品一般原則法）である（「食品法の一般的な原則と要件及び食品安全に関する諸手続を定めるとともに欧州食品安全機関を設置する規則」Regulation（EC）178/2002。同規則を含むEUの食品安全政策の全般的な解説として杉中淳「欧州連合の食品安全政策の体系」『フードシステム研究』19（3），2012年12月，203-221頁）。同規則は幾つかの点で適切な保護の水準に言及しており，① 食品法は国際基準を考慮しなければならないが，共同体の決定した適切な保護の水準と異なる水準をもたらす場合はその限りでない（5条3項）とし，② 科学的不確実性のある場合に予防的リスク管理措置をとることができるが，その措置は，技術的及び経済的実行可能性等を考慮し，均衡性がとれているものとし，共同体において選択された高い健康保護水準を達成するために必要である以上に貿易制限的であってはならない（7条2項），と規定している。これらの規定は，WTO/SPS協定の3条3項及び5条6項（第2章第2節参照）とほぼ同じ内容である。

57　東京大学大学院農学生命科学研究科食の安全研究センター。http://www.frc.a.u-tokyo.ac.jp/center/（2013年10月15日）

58　中嶋・前掲注（52）51，106，116，207頁。

59　見上彪「食の『安心』」とは……」『食品安全』第14号，2007年。

また，微生物学的な意味での食の「安全」について，「予期された方法や意図された方法で作ったり，食べたりした場合に，その食品が食べた人に害を与えないという保証」であるとのコーデックス委員会による定義もある[60]。

これらの説明，特に食品「安全」が科学に基礎を置くことは重要なポイントであり，それ自体に異論はないが，上記紹介の説明なり定義の多くは「安心」との違いに焦点を当て「安全」は科学の問題であるという点が強調され，また政策的観点での食の「安全」の定義という意味では必ずしも十分とはいえない。特に，これらの説明・定義においては「適切な保護の水準」（受け容れられるリスクの水準）に触れていない。

そうした中で新山陽子氏は，国際標準化機構の品質管理規格の安全の定義[61]を参照し，食の安全とは「リスクが社会的に許容可能な水準に抑えられている状態」としている[62]。本書は，これとほぼ同じ趣旨であるが，「科学的」な部分とその対照語である「規範的」部分の両方を含むことを意識するため，「科学的評価に基づく当該食品のリスクが，別途規範的・政策的に決定される適切な保護の水準（受け容れられるリスクの水準）から見て問題ない水準にある状態」という案を提示したい。また，このような定義によって政策的意味における食の「安全性」は相対的安全性であることを明確にすることが重要であると考える[63]。

60　CAC , “General Principles of Food Hygiene”, CAC/RCP 1-1969.　山田友紀子「食品安全行政と科学の必要性」『フードシステム研究』18（2），2011年9月，64頁に紹介されている。

61　ISO（国際標準化機構）の国際安全規格における安全の定義は，「受け入れることができないリスクが存在しないこと」とされている（向殿政男「日本と欧米の安全・リスクの基本的な考え方について」『標準化と品質管理』61（12），2008年12月，4-8頁）。

62　新山陽子「食品由来のリスクと食品安全確保システム」新山陽子編『食品安全システムの実践理論』（昭和堂・2004年3月）5頁。

63　安全とは，「受け入れられないリスクのないこと」であり，「「受け入れられないリスク」についての議論が不十分なまま，専門的知見に支えられた基準値以下だから安全だ，と説明するだけでは市民の感情・直感を満足させることはできない。……安全には社会的・文化的・心理的要素が含まれることをないがしろにしてはいけない」（村上他・前掲注（1）6-7頁，21頁）。

5 ま と め

本章の提案を要約すれば，まず，適切な保護の水準は現実の食品安全政策において明示的に取り入れられるべきである。また消費者に対して適切な保護の水準の概念を明示し，その説明を通じて，安全基準や安全性判断が科学的評価だけでなく規範的判断を含むものであること，並びに残存リスクがあることが説明されるべきである。「食の安全」とは，リスクが社会的に受け容れ可能であること，つまり「相対的な安全」を意味するように定義されるべきである。さらに適切な保護の水準が食品安全基本法の中に明確に規定されることが検討される必要がある。

以上の提案の政策的なインプリケーションについて述べると，第一に，安全基準は社会情勢に応じ変わることがありうるということが納得され，放射性物質の基準値変更のような場合も国民の不信感の増大が抑えられるだろう。第二に，さまざまなリスク間での比較をすることになり，リスクの理解を深め，無駄な対策を抑制することにつながるだろう。

第三に，リスクコミュニケーションの目的と重要性の明確化と食品安全政策への国民参加を促す効果である。「安全」は，科学だけで一義的に決まるものではなく，規範的価値判断を含むとなれば，安全基準を決定するのは，科学者ではなく，国民自身であり，実際には国民の負託を受けた政治が幅広い国民各層の合意に基づいて決めるべきであることがらとなる。したがって，政治が安全基準の決定を科学者に丸投げするようなことは無責任な行為となるし，安全判断をお上と科学者に任せて自ら考えようとしないかのような国民の行動も好ましくないことになる。また，こうした理解によって，リスクコミュニケーションの目的と重要性がより明確になる。リスクコミュニケーションは，従来の説明にあるような科学的に決定された安全基準について国民の信頼を得るために行うというよりも，問題になっている食品リスクについてどこまで受け容れるか，つまり適切な保護の水準を国民参加のもとに決定すること，及びそれに基づいて安全基準それ自体を決定することが，重要な目的ということになるだろう。そういう意味で，リスクコミュニケーションの目的には，国民の「安心」の確保の面もあるが，それとともに「安全」政策の決定の面にも重要な意義があると考える。

ただ，適切な保護の水準の決定については課題も多い。その決定方法については，第1章第4節のとおりFAO／WHO文書にいくつかの種類のアプローチが挙げられているものの，適切な保護の水準の決定を含むリスク管理選択肢の決定の過程は，多様な選択肢の利害得失のバランスなど多くの考慮要素を含む複雑な過程である（同文書2.5.2）。また既に指摘されているように，リスクコミュニケーションによって適切な保護の水準を決定していくのにはかなりの困難性を伴うことは確かである。特に，相対的安全性の考え方の下では，どこまでが受け容れ可能かに関する社会の合意が基礎となるため，この社会的合意をどのようにして形成するかは重要な課題となるだろう。これらの点について，関連の諸科学の連携の下に研究を進めることが必要である[64]。

従来「安全」の意味の説明において科学の重要性のみが強調されてきたのは，科学以外の要素によって科学的評価に基づいた政策が覆されてしまってはいけないということがあるだろう。そのような観点から，「安全」には科学以外の要素である規範的要素も含まれると殊更に強調すると混乱を招くのではないかと危惧する向きもあるかもしれない。しかし，食品安全基本法に基づき食品安全政策にリスク分析が導入され，科学に基づく食品安全政策がほぼ確立した現在，「安全」の説明ぶりも変えていくことができる段階に来たと考える。また，適切な保護の水準（したがって残存リスクの存在）を前面に出すと消費者の不安を煽り，「安心」が確保できないという意見もあるだろうが，これを告げないで済まそうとする「逃げ」の姿勢では，長期的には信頼関係を得られず，消費者の「安心」の確保につながらないだろう[65]。

64　適切な保護の水準の決定のあり方は，自然科学，人文・社会科学の連携の下に行うレギュラトリーサイエンスの重要な研究課題となるだろう。リスクコミュニケーション，国民の合意形成のあり方の問題は，リスク社会学など関連諸科学とともに議論を深める必要がある。また，リスクガバナンスの問題に関連する。

65　高橋（梯）氏によれば，「安心」は信頼を通じて得られるものであるとされる。

最後に，誤解のないよう，2点述べておきたい。

一つは，本書は，例えばBSEやGMOのような特定の食品安全問題について，受け容れられるリスクの水準をゼロリスク又はゼロリスクに近い水準（適切な保護の水準が極めて高い水準）に設定して政策をとることが全く不適当であると主張しているのではない。よく食品にゼロリスクはありえないといわれ，「リスクがゼロの，絶対に安全な食品はありえない」のは確かであり，すべての食品リスクをゼロリスクにすることはもとより不可能である。とはいえ，社会がある特定のリスク問題についてゼロリスクを合意するのであれば，それを目標として政策をとるべきである。ある特定の種類や技術に係る食品についてゼロリスクを政策の選択肢とすることも排除すべきではない[66]。本書が主張したいことは，どのような水準であれ（ゼロリスクでもいい），食品安全政策の決定に当たって，当該リスクに関する情報がその規制の費用便益及びリスクトレードオフを含め可能な限り開示され，受け容れられるリスクの水準が幅広い国民各層において議論の上，決定されることの重要性である[67]。

もう一つは，そのように健康や環境の保護のために受け容れられるリスクの水準をゼロリスク又はゼロリスクに近い水準に設定することは，予防原則の効果ではない。この関係は第3章でも述べたところであるが，次の第8章で，放射性物質とBSEの両対策についてさらに具体的に見ることとする。

66　中嶋氏は，食中毒のような旧来から存在する食品リスクにはゼロリスクはありえず，他方で新技術や新物質にかかるリスクは禁止することによってゼロにすることは可能であると述べている。中嶋・前掲注（52）51，106，116，207頁。

67　安全性判断に規範的要素を含めること，あるいはその結果として特定分野におけるゼロリスク追求（極めて高い保護の水準の設定）を肯定することは，「科学的評価・根拠に基づいて措置をとる」原則に矛盾するものではない。科学的評価に基づき措置をとるということと，社会・経済的要素を勘案して適切な保護の水準を柔軟に決定する（ゼロリスク追求を含む）こととが両立しうることは，SPS協定に関するWTO上級委員会の判断からも明らかである。

第8章 放射性物質・BSE両対策における予防原則の適用状況

1 本章の課題

1 本章の目的

今日，環境問題や食品安全問題において科学的不確実性の場合における対応の必要性が広く認識されるようになり，EU法及び国際法においては予防原則の導入が進んでいる。

わが国の政府は，「予防原則」という用語を使用しない方針をとっている[1]が，わが国においても予防原則の概念をきちんと法律に位置づけるとともに，予防原則の発動・施策の実施に関するガイドラインの策定が必要との有力な主張がなされている[2]。このようなガイドラインの検討を進めるためには，さまざまな国内法の分野で，予防原則の適用の現状を把握することが必要である[3]。本章は，食品安全の代表的問題といえる放射性物質・BSE両対策における予防原則の適用状況について，とりわけ科学的不確実性に対処しているかどうか，つまり，「科学的不確実性であっても予防的対応をとる」という行動がとられているかどうかに焦点を当て分析することとする。

1　後述の谷垣禎一国務大臣の国会答弁参照。

2　大塚直「予防原則の法的課題」植田和宏・大塚直監修，損害保険ジャパン・損保ジャパン環境財団編『環境リスク管理と予防原則』（有斐閣・2010年）323頁。

3　大塚直「未然防止原則，予防原則・予防的アプローチ(2)――わが国の環境法の状況(1)」『法学教室』No.285（2004年）53頁。

また前章（第7章）では，食品安全政策において，適切な保護の水準を，幅広い関係者の間できちんと議論して決定することの重要性を指摘した。ゼロリスクという健康や環境の保護の極めて高い水準（受け容れられるリスクの水準をゼロ）に設定することも排除すべきではない。ただ，それは予防原則の効果ではないことに留意すべきである。適切な保護の水準を達成するための措置・対応をとるに当たり，それが科学的不確実性の領域にある場合に，そこで予防原則を適用して科学的不確実性を補完する必要が出てくるというのが，本書の考え方である。放射性物質・BSE両対策を振り返りつつ，適切な保護の水準（受け容れられるリスクの水準）と予防原則の適用の関係を具体的に考えてみたい。

2　分析の視点

福島第一原発の事故は，大量の放射性物質を大気中にまき散らし深刻な環境汚染を引き起こしたが，これへの政府のさまざまな対応のうち，食品に含まれる放射性物質による健康影響については，平成23年3月17日に，厚生労働省において暫定規制値が定められ，これに則って食品衛生法に基づく規制がかけられた。この規制は，食品安全基本法第11条第1項第3号に基づき「緊急を要する場合」として食品安全委員会の事前の食品健康影響評価を経ずに行われたものである。この食品安全基本法第11条第1項第3号は，「予防原則に非常に近いもの」と評される規定である。続いて同年3月29日には，食品安全委員会の「放射性物質に関する緊急とりまとめ」が発表され，さらに同年10月27日に食品安全委員会の食品健康影響評価がとりまとめられた。これを受けて厚生労働省は，新しい規制値を制定し，平成24年4月1日から施行した。

このように，本規制は，まずは食品安全基本法第11条第1項第3号に基づいて暫定的な規制がとられたこと，そして，後に正式なリスク評価である食品健康影響評価が実施されて先の規制の見直しが行われることになったという外見からは，予防原則の適用がなされているようにも思われる。しかしながら，予防原則の適用の状況については，食品安全基本法上の根拠規定だけでなく，当該措置の内容に立ち入って検討する必要があると考える。

次に，BSE事件は，近年のわが国における食品安全関係の事件の中で，社会に最も大きな影響を及ぼしたものの一つといってよいであろう。この事件が食品安全基本法の制定と食品安全委員会の設置の契機となり，わが国の食品安全行政の大きな転換を促したという事実は，このことを物語っている。この事件は，また，後述の学識経験者による調査報告書にも提起されているように，食品安全問題における予防原則の重要性を一層認識させることにもなった。このような意味において，BSE事件を抜きにして食品安全問題への予防原則の適用の問題を考えることはできない。平成13年9月にわが国でBSE牛が確認されたときに，全頭検査及び特定危険部位（Specified Risk Material: SRM。BSEプリオンが蓄積する頭部，せき髄及び回腸遠位部を指す）除去の義務付けといった対策がとられた。平成15年7月に食品安全基本法の施行と食品安全委員会の設置の後，平成16年9月及び平成17年5月に食品安全委員会の食品健康影響評価がとりまとめられて，これを受けて全頭検査の緩和（20か月齢以下は検査義務対象から除外）が行われた。米国でのBSE牛発生を受けて平成15年12月から実施された米国産牛肉の全面的な輸入禁止措置も，平成17年12月に食品安全委員会の食品健康影響評価がとりまとめられて，これを受けて輸入規制の緩和（20か月齢以下は一定条件の下に解禁）がなされた。

このようにBSE対策については，当初はともかくとして食品安全委員会の設置の後は，同委員会の食品健康影響評価の結果を受けて（科学的根拠に基づき）講じられてきており，予防原則の適用はないと見えなくもない。しかし，わが国のBSE対策は国際基準であるOIE基準よりも厳しく，米国から規制緩和の要求が強く出されている現状にあり，予防原則の適用状況については，当該措置の内容及び上記食品健康影響評価の内容を含め詳細に見ていく必要がある。

2　食品中の放射性物質対策と予防原則

平成23年3月17日に定められた暫定規制値に基づく規制及び平成24年4月1日からの新規制について，科学的不確実性の状況において規制がとられたのかどうかという観点から，予防原則の適用の状況を，時期を追いながら検討する。なお，規制の経緯と内容については，第7章を参照されたい。

1　暫定規制値設定の当初

平成23年3月17日厚生労働省においてとられた暫定規制値に基づく規制は，先にもふれたように，食品安全基本法第11条第1項第3号に規定する「人の健康に悪影響が及ぶことを防止し，又は抑制するため緊急を要する場合で，あらかじめ食品健康影響評価を行ういとまがないとき」に該当するものとして，同条第1項ただし書きの規定により，食品安全委員会による事前の食品健康影響評価を経ずになされたものである。まず，この規定と予防原則の関係について検討する。

(ア)　食品安全基本法第11条第1項第3号と予防原則の関係

食品安全基本法第11条と第12条は，次のように規定する。

食品安全基本法

（食品健康影響評価の実施）

第11条　食品の安全性の確保に関する施策の策定に当たっては，人の健康に悪影響を及ぼすおそれがある生物学的，化学的若しくは物理的な要因又は状態であって，食品に含まれ，又は食品が置かれるおそれがあるものが当該食品が摂取されることにより人の健康に及ぼす影響についての評価（以下「食品健康影響評価」という。）が施策ごとに行われなければならない。ただし，次に掲げる場合は，この限りでない。

一　当該施策の内容からみて食品健康影響評価を行うことが明らかに必要でないとき。

二　人の健康に及ぼす悪影響の内容及び程度が明らかであるとき。

三　人の健康に悪影響が及ぶことを防止し，又は抑制するため緊急を要する場合で，あらかじめ食品健康影響評価を行ういとまがないとき。

2　前項第三号に掲げる場合においては，事後において，遅滞なく，食品健康影響評価が行われなければならない。

3　前二項の食品健康影響評価は，その時点において到達されている水準の科学的知見に基づいて，客観的かつ中立公正に行われなければならない。

（国民の食生活の状況等を考慮し，食品健康影響評価の結果に基づいた施策の策定）

> **第12条**　食品の安全性の確保に関する施策の策定に当たっては，食品を摂取することにより人の健康に悪影響が及ぶことを防止し，及び抑制するため，国民の食生活の状況その他の事情を考慮するとともに，前条第一項又は第二項の規定により食品健康影響評価が行われたときは，その結果に基づいて，これが行われなければならない。

つまり，食品の安全性の確保に関する施策の策定に当たっては，あらかじめ食品健康影響評価を行い（第11条第1項），その結果に基づいて対応を行うことが求められる（第12条）というのが基本である。しかしながら，第11条第1項第3号により，「人の健康に悪影響が及ぶことを防止・抑制するため緊急を要する場合については，あらかじめ食品健康影響評価を行う時間的余裕がなく，評価の結果を待たずに行政対応を行うことが必要となることから，このような場合には，食品健康影響評価を行うことなく行政的対応を行うことができることとしている」[4]。ただし，この第11条第1項第3号の場合は，「事後に遅滞なく食品健康影響評価を行うことが必要で（第11条第2項参照），その結果に基づき，改めて施策の策定を行わなければならない（第12条参照）」[5]。

食品安全基本法第11条と第12条の規定，特に第11条第1項第3号が緊急の場合に事前の食品健康影響評価を経ずに行政的対応を行うことができると規定しているのが，予防原則を取り入れたものかどうかが，食品安全基本法案の国会審議において議論になった。

この審議において，同法において予防原則が取り入れられているのかとの質疑に対し，「国際的に予防原則という言葉は……いろいろな理解がある」ことから，「予防原則という言葉を使っているわけではありません……しかし，12条で，人の健康への悪影響の防止，抑制という観点から，国民の食生活の状況そのほかの事情を考慮して施策を策定するとし，……11条で，人の健康に悪影響が及ぶことを防止し，又は抑制するため緊急を要する場合で，あらかじめ食品健康影響評価を行ういとまがない場合には，評価を行うことなく食品の安全性の確保に関する施策を策定することができる……書いているのが，全く同

4　食品安全基本政策研究会『食品安全基本法解説』（大成出版社・2005年）35頁。
5　同上，35頁。

じかどうかは別としまして，思想的には近いものだ」，「11条の1項3号……はかなり，全く同じかどうかは別として，……EUの規定と思想的に非常に近いもの」と答弁がなされた[6]。

このうち食品安全基本法第12条の「防止し，及び抑制する」との規定は未然防止原則にとどまっているとも考えられ，明確に予防原則とはいえない。一方，第11条第1項第3号が「食品健康影響評価を行うことなく行政的対応を行うことができる」としている点は，「科学的確実性がなくても未然防止のための措置をとる」というリオ宣言第15原則をはじめとする予防原則の定義に類似する。また，第11条第1項第3号の場合には「事後において，遅滞なく，食品健康影響評価が行われなければならない」（第11条第2項）とされ，その評価結果に基づき，改めて施策の策定を行わなければならないこととされている（第12条）のは，予防原則に基づく措置に課せられる「新しい科学的知見に基づく再検討の義務」（欧州委員会のコミュニケーション6.3.5，WTO／SPS協定第5条7項参照）に照応している。したがって，第11条第1項第3号の「食品健康影響評価を行ういとまがない場合」というのは，「科学的不確実性」と重なる部分があることは確かであろう。しかし，「食品健康影響評価を行ういとまがない」場合がすべて「科学的不確実性」となるかどうかは別問題であると思われる。

科学的情報はさまざまな情報源から入手可能であるのが通常である。予防原則の適用に当たっては，入手可能な最善の科学的知見に基づいて判断される必要があることから，行政機関が国際的な調査研究を含め，さまざまな科学的情報の収集に努めることはむしろ当然であろう。食品安全委員会の食品健康影響評価を行ういとまがない場合であっても，もし信頼できる他の情報源からの十分な内容の科学的情報が入手可能な場合，そのような状況を「科学的不確実性」というべきではなく，「科学的確実性」の状況というべきである。そうした科学的情報に基づきリスク管理機関が措置をとる場合は，その措置は予防原則に

6　第156回衆議院内閣委員会議録4号（平成15年4月2日），北川れん子委員の質問に対する谷垣禎一国務大臣答弁。小幡雅男「『予防原則』をめぐる国会論議の焦点」『立法と調査』第238号（2003年）60頁参照。

基づく措置ではなく，未然防止原則に基づく措置というべきであると考えられる。結論として，食品安全基本法第11条第1項第3号に基づき，緊急を要する場合に食品健康影響評価を行うことなくとられる行政的対応には，予防原則に基づく措置と未然防止原則に基づく措置の両方が含まれると考えられる。

(イ)　本件の場合

平成23年3月17日の暫定規制値に基づく規制は，食品安全委員会の食品健康影響評価を受けないでとられた。しかし，暫定規制値は，第7章において見たように原子力安全委員会が設定した指標に基づいて決定されており，実質的に科学的根拠は有している。むしろ，入手可能な既存の科学的根拠のある範囲で基準値を設定したのであり，「科学的不確実性があっても措置をとる」という予防原則の思想を反映してはいないように思われる。

結論として，暫定規制値に基づく規制は，食品安全委員会の食品健康影響評価が行われる前においても予防原則の適用はなかったと考える。

2　食品安全委員会の食品健康影響評価の後

平成23年3月29日，この暫定規制値は食品安全委員会の「緊急とりまとめ」によって「十分な安全性を見込んだもの」「かなり安全側に立ったものである」と一応の評価を受けた。第7章で見たとおり，これは ① その時点で収集できた情報などに基づき，極めて短期間のうちに緊急時の対応として検討結果をとりまとめたものであり，② さまざまな検討課題が残っている状況であり，食品安全委員会としては，今後も本件について継続的に検討を行い，改めて放射性物質に関する食品健康影響評価についてとりまとめることとしているなどと述べられていることから，放射線被ばく全体に係るリスク評価としては未だ不完全ではある。しかし，「セシウム年間5mSv（ミリシーベルト）」という暫定規制値については「かなり安全側に立ったもの」との評価を下しており，原子力安全委員会が設定した指標である暫定規制値の基準について，さらに科学的証拠の裏付けをより明確に与えたといえる。前述のとおり暫定規制値設定当初から予防原則は適用されていないと考えられ，食品安全委員会の「緊急とりまとめ」によってこの状況に変化はない。

さらに平成23年10月27日に食品安全委員会の食品健康影響評価がとりまとめられた。「根拠の明確な疫学データで言及できる範囲で結論をとりまとめることとした」,「根拠を明確に示せる科学的知見に基づき食品健康影響評価の結論をとりまとめる必要がある」,「100mSv未満に健康影響について言及することは困難と判断した」,「健康影響が見いだされる値についての疫学データは錯綜していたが，食品分野のリスク分析の考え方（科学的知見の確実性や，健康影響が出る可能性のある指標のうち最も厳しいものの重視など）に基づいておおよそ100mSvと判断したもの」などとあるように，この食品健康影響評価は「生涯おおよそ100mSv」を，科学的不確実性と確実性との境界線と考えたといえる。

低線量[7]の被ばくの影響（発がんリスク）について科学的な見解はいくつかある。国際的には「直線閾値なし仮説」(LNTモデル)（ICRPほか),「閾値あり説」(フランス科学・医学アカデミー）その他いくつかの仮説が提唱されている[8]。こうした仮説をもって低線量被ばくの領域にも一応の科学的なリスク評価がなされていると考えられなくもない[9]。ただ,「仮説から得られた結果の適用については慎重であるべきで」あって,「今回の食品健康影響評価においては，根拠の明確な疫学データで言及できる範囲で結論をとりまとめることとした」というような表現からみて，少なくとも食品安全委員会は，100mSv未満の領域を科学的不確実性の領域と理解したということはいえるだろう。

前述のとおり，厚生労働省は，この食品安全委員会の食品健康影響評価を受けて年間1mSvという基準を採用する方針を打ち出したところであることから，新しい規制値は科学的根拠の明確な範囲での規制であると考えられる[10]。結論として，平成24年4月からの新しい規制値は，やはり，予防原則の適用はないと考えられる。言い換えれば，予防原則の助けを借りなくても正当化できる範囲

7　一般的にはおおむね100～200ミリシーベルトより下の放射線量をいう。食品安全委員会「放射性物質を含む食品による健康影響に関するQ＆A」問10。

8　同上，問12。

9　中西準子氏は，LNTモデルによる100ミリシーベルト以下のリスクの推定は，科学的リスク評価であることを強調する（中西準子『原発事故と放射線のリスク学』32-35頁)。この考え方に依れば，100ミリシーベルト以下の領域も科学的不確実性は存在しない，ということになるだろう。

の措置であるといえる。

なお，予防原則が適用されていないとの結論は，無論，これらの基準や規制が不十分であるということを意味するものではない。

3　BSE対策と予防原則

1　BSEに係る科学的不確実性

まず，一般的にBSEについて科学的にどこまで解明されているかについて概観してみる。第7章で述べたように，BSEの原因は十分に解明されていないが，プリオンを原因とする考え方が最も受け入れられつつある[11]。また，BSEとvCJDとの関連については，1996年3月20日，英国の海綿状脳症諮問委員会（SEAC）が，「BSEとvCJDの間に直接的な科学的証拠はないが，確度の高い選択肢もなく，最も適当な説明としては，患者の発生は1989年の特定の内臓の使用禁止前にこれらを食べたことに関連がある」とした。その後，動物実験により研究が進められており，BSEがvCJDの原因であるか否かについては，直接的な確認はされていないものの，動物試験では原因であることを示唆する結果が示されている[12]，という状況である。

他方で，① 牛でのBSE発症メカニズムについては，明らかになっていない。牛生体内でのBSEプリオンの伝播様式，分布，増幅様式などについて未だ解明されていない部分が多い。② 人にBSEプリオンが感染して中枢神経系に広がっていくメカニズムについては，時間的経過を含め，不明である。③ BSE

---

10 「年間1ミリシーベルト」という厚生労働省の新基準は，食品安全委員会の「生涯100ミリシーベルトで健康影響有り」との評価に基づいているとの報道がなされた（第7章脚注（14））。第121回放射線審議会（平成23年12月27日）において，審議会の複数の委員も，報道を受けてそのように理解していると表明したのに対し，当の厚生労働省は，それは報道機関の誤解であり，新基準の「年間1ミリシーベルト」はコーデックス基準に準拠したものだと説明した。いずれにせよ，「年間1ミリシーベルト」が科学的根拠のある範囲であることに変わりはないと思われる。

11 厚生労働省「牛海綿状脳症（BSE）等に関するQ＆A。http://www.mhlw.go.jp/topics/0103/tp0308-1.html#11q1（2012年2月1日アクセス）

12 同上。

プリオンが牛から人に伝達される際の障壁（いわゆる「種間バリア」）が存在すると推測されるが，その程度については，現在の知見では定量的に表すことはできない。④ 人についての感染量と発症の相関関係，特に，人への発症最少量，反復投与による蓄積効果などについても未だ明らかとなっていない，というように，不明な点，未解明の部分が多いとされている[13]。

以上のように，BSEそれ自体及びBSEとvCJDとの関連性については，一定程度の科学的情報は得られているが，大きな科学的不確実性が存在する状況であるといえよう。

以下，わが国の対策における予防原則適用状況について時期を追って検証する。なお，規制の経緯と内容については，第7章を参照されたい。

2　食品安全委員会が設置される以前

当然のことながら食品安全委員会による食品健康影響評価を受けないで措置をとっている。加えて，以下のような状況が観察できる。

(ア)　英国での発生後

英国でBSE発生が確認されたのは1986年，わが国でBSE発生が確認されたのは2001年であった。わが国はなぜBSEの発生を防げなかったのかという批判及び発生直後の対応のまずさなどに対する行政不信は日本中に拡がり，政府を非難する声が日増しに高まっていったことから，2001年11月6日，BSEに関するこれまでの行政対応上の問題の検証をするため，農林水産大臣及び厚生労働大臣の私的諮問機関として，各界有識者から成る「BSE問題に関する調査検討委員会」（高橋正郎委員長）（以下，「BSE調査検討委員会」という）が設置された。同委員会は，2002年4月に報告書（以下「BSE調査報告書」という）[14]をとりまとめた。

13　食品安全委員会「日本における牛海綿状脳症（BSE）対策について（中間とりまとめ）」http://www.fsc.go.jp/sonota/chukan_torimatome_bse160913.pdf（2012 年2 月1日アクセス）7-8頁。

14　厚生労働省・農林水産省「BSE問題に関する調査検討委員会報告」（平成14年4月2日）第Ⅰ部の1。この委員会及び調査報告書については，武本俊彦『食と農の「崩壊」からの脱出』（農林統計協会・2013年）196-204頁参照。

BSE調査報告書は，英国でBSE発生が確認されて以降のわが国政府の対策を，次のように厳しく批判している。「とくに農林水産省が，96年4月にWHOから肉骨粉禁止勧告を受けながら課長通知による行政指導で済ませたことは，英国からの肉骨粉輸入を禁止したなどの事情を考慮しても，重大な失政といわざるを得ない……さらに，危機を予測し，発生を防ぐための措置を講じて危険の水準を引き下げておく予防原則の意識がほとんどなかった」（第Ⅱ部の1）（下線は，筆者による）。

ここにいう「予防原則」が法的な意味での予防原則であるとは限らない。この時期においても，BSEそれ自体及びBSEとvCJDとの関連性については前述のような科学的不確実性がある中で行政指導はとられていることから，十分な対策であるかは別問題として，法的な意味で予防原則の適用がなかったとは必ずしも言い切れないかもしれない[15]。

(イ)　わが国でBSE発生が確認されたときの国内対策

逆にわが国でのBSE発生後にとられた一連の措置については，BSE調査報告書は高く評価している。特に2001年10月の厚生労働省による全頭検査体制の確立については，「いわゆる全頭検査が農林水産省との緊密な連携のもとに開始され，国際的にもっとも厳しい安全対策が実施されることになり，と畜場から出る牛由来産物はすべて安全なもののみになったとみなせる。BSE発生のニュースを受けてから1か月あまりという，極めて短期間で全国的な検査体制が作られたことは高く評価できる」（第Ⅰ部の5の(6)）としている。

特に全頭検査についは，規制当局がその趣旨を「(1) 牛の月齢が必ずしも確認できなかったこと，(2) 国内でBSE感染牛が初めて発見され，国民の間に強い不安があったことなどの状況を踏まえて同日，食用として処理されるすべての牛を対象としたBSE検査を全国一斉に開始しました」[16]と説明している。この説明からも，科学的証拠のある範囲で措置をとるという姿勢ではなく，疑わしきものは幅広く規制の網をかぶせるという方針が感じられる。

15　欧州委員会のコミュニケーションにもあるように，予防原則の適用とは，必ずしも法的な措置に限られない。

16　厚生労働省・前掲注（11）。

これらから，科学的不確実性のもとで予防的措置が発動されたという意味で予防原則の適用がなされたと考えられる。

(ウ)　輸 入 規 制

EU諸国などからの輸入禁止措置については，厚生労働省はその趣旨を次のように説明している[17]。

(a)　1996年以降，vCJDがBSE感染によることを示唆する実験結果が蓄積してきているが，現在までBSEがヒトへ感染したという直接的な証明はなされていない。病原体の牛肉などから人への感染については未確認であるが，その可能性が指摘されているため，念のため，1996年3月以降BSE発生防止対策が十分に実施されていないと考えられる英国産の牛肉及び加工品の輸入自粛を指導してきた。

(b)　さらに，2000年12月には，農林水産省が，BSEのわが国への侵入防止に万全を期すため，EU諸国などからの牛肉などの輸入の停止措置（2001年1月1日実施）を決定した。

(c)　厚生労働省としても，BSEのわが国への侵入防止策をより確実なものとすることが必要と判断し，農林水産省の家畜などに係る法的措置と並んで食品衛生法に基づく法的措置を行い，2001年2月15日，牛肉，牛臓器及びこれらを原材料とする食肉製品について，EU諸国などからの輸入禁止措置をとった。

この説明にあるように，科学的不確実性があるものの輸入規制を（まず行政指導により，次に法的な措置により）とったとされていることから，予防原則の適用があったと考えられる。

次に，2003年の米国産牛肉の輸入停止について見る。2005年5月24日付け，米国・カナダ産牛肉に関する食品安全委員会に対する食品健康影響評価の諮問の文書（第7章第3節参照）に添付された「説明資料」には，①「米国産牛肉の貿易再開問題の経緯」として，「2003年12月24日，米国国内でBSE感染牛が確認されたことを受け，厚生労働省及び農林水産省は，米国産牛肉及び牛肉製

17　厚生労働省・前掲注（11）。

品などの輸入を暫定的に停止した」こと，② SPS協定5条7項は，科学的証拠が不十分な場合には暫定的に検疫措置を採用することができることとし，その場合には客観的なリスク評価のために必要な情報を得るよう努め，また，適当な期間内に当該検疫措置を再検討することを求めていること，を説明している。SPS協定5条7項は予防原則を反映した規定であり，この規定をこの説明文書に引用していることも，この米国産牛肉の輸入停止措置が予防原則を適用したものであることを示唆する。

3　食品安全委員会の食品健康影響評価の実施後

2003年7月に内閣府に食品安全委員会が設置され，同委員会は，「日本における牛海綿状脳症（BSE）対策について（中間とりまとめ）」を公表し，続いて2005年5月6日，国内対策の見直しの諮問案を了承する内容の「わが国における牛海綿状脳症（BSE）対策に係る食品健康影響評価」を両省に答申した。同年7月1日に厚生労働省は，この答申を踏まえて全頭検査から21か月齢以上の検査に緩和した。さらに輸入規制については，2005年12月8日，食品安全委員会は，「米国及びカナダ産牛肉等に係る食品健康影響評価」を答申し，これを受けて米国及びカナダ産牛肉の輸入再開措置がとられた。こうして，国内対策及び輸入規制ともに，食品安全委員会の一連のリスク評価は受けたことになる。これらによって，予防原則適用の状況に変化があったと見るべきかを以下に検討する。

㈠　国 内 対 策

平成16年（2004年）9月の中間とりまとめは，食品を介して人のvCJDを起こすリスクを評価したものであるが，前述のとおりBSE自体及びvCJDとの関係についてさまざまな不明な点が存在するとした。また焦点のBSE検査についても，技術的な検出限界があり，それが何か月齢からなのか不明としていた。また，中間とりまとめは，前述のように，BSE対策がとられる前の日本人のvCJD感染リスクを0.1人～0.9人と数値で示す一方，現行のBSE対策（SRM除去と全頭検査）がとられた後のリスクについては，「効率的に排除されているものと推測される」とのみ述べ，具体的な推計値を示さなかった。リスク評価であれば，全頭検査，21か月齢以上検査，31か月齢以上検査という場合にそれぞれリスクがどうなるかを示すべきであるのに，本件の食品安全委員会の会議や本報告書の中に，肝心のリスク評価の議論が乏しいとの批判[18]がある。

中間とりまとめは，「5 おわりに」において，「BSE問題は，食品の安全・安心に関する問題の中で，最も国民の関心が高く，社会的影響の大きい問題のひとつである。一方，BSEは科学的に解明されていない部分も多い疾病であることも事実である。このような多面性，不確実性の多いBSE問題に対しては，リスク管理機関は，国民の健康保護が最も重要との認識のもと，国民とのリスクコミュニケーションを十分に行った上で，BSE対策の決定を行うことが望まれる。また，厚生労働省及び農林水産省においては，BSEに関して科学的に解明されていない部分について解明するため，今後より一層の調査研究を推進するべきであり，そうして得られた新たなデータや知見をもとに適宜，定量的なリスク評価を実施していく必要があろう[19]」と述べており，不確実性にもかかわらず対策を講じる必要性が強調されている。

また，2005年5月6日の食品健康影響評価は，全頭検査から21か月齢以上への変更をした場合のリスクの変化を評価した[20]にとどまる。以上のようにBSEに関する二つの食品健康影響評価は，リスク評価としては不十分な面が否めない。わが国で21, 23か月齢のBSE牛が2頭発見されたことが，21か月齢以上を検査対象とするほとんど唯一の根拠ともいえたのであるが，前述のとおり，これら2頭の牛の脳の感染性は，その後の実験の結果，確認されなかった。こうして二つの食品健康影響評価によっては十分な科学的根拠を示さないまま，多くの科学的不確実性を残しつつ，強力な対策が継続されてきており，これら国内対策には依然として予防原則が適用されていると考えられる。

(イ)　輸入規制

第7章で見たように，「米国及びカナダ産牛肉等に係る食品健康影響評価」の諮問内容は，「現在の米国・カナダの国内規制及び日本向け輸出プログラム

18　『毎日新聞』夕刊平成16年9月16日。
19　食品安全委員会・前掲注（13）21頁。
20　食品安全委員会・前掲注（35）11，17-18，27頁。

により管理された（注，20か月齢以下の牛）米国・カナダから輸入される牛肉を食品として摂取する場合と，わが国でと畜解体して流通している牛肉などを食品として摂取する場合のBSEに関するリスクの同等性」について意見を求めるというものであり，食品安全委員会は平成17年（2005年）12月8日これに答えて「リスク管理機関から提示された輸出プログラムが遵守されるものと仮定した上で，米国・カナダ牛肉などとわが国の全年齢の牛に由来する牛肉などのリスクの差は非常に小さい」と答申した。しかし，この食品健康影響評価は，輸入停止という措置の対象となる21か月齢以上の牛のリスク自体を評価したものではないことから，とろうとする措置の科学的根拠を与えたとは言えない[21]。したがって，この食品健康影響評価によっても，輸入規制に係る科学的不確実性が消滅して予防原則の適用状況が変化したとは言えないと考えられる。

4　輸入規制と国際基準との関係

予防原則が適用されているかどうか（科学的不確実性のもとで措置がとられているかどうか）を考える際に，国際基準との関係を見ることも参考になるであろう。なぜなら，国際基準は，一定の科学的知見の集積の下に策定されていると考えられるからである。SPS協定3条2項は，国際基準に基づく措置は，同協定の規定との整合性が推定されると定める。したがって，国際基準に基づく措置は科学的根拠に基づいていることも推定される。国際基準と乖離した（より厳しい）基準を定めたからといって，必ずしも科学的証拠に基づいていないと判断されるわけではないが，科学的証拠に基づいているという推定を受けられないことになる。

動物検疫関係の国際基準は，SPS協定によってOIEの基準と指定されている。OIEのBSEに関する貿易の基準（BSEコード）の状況は，次のとおりである。

(a)　BSEコードは，わが国が米国産牛肉を全面的に輸入停止にした2003年時点以前から，30か月齢以下の牛由来の骨なし牛肉は，無条件で輸出入

21　平覚氏は，この理由から，このリスク評価はSPS協定5条1項にいうリスク評価ということはできないであろうと指摘している。平覚「日米BSE問題とSPS協定」山下一仁編著『食の安全と貿易』（日本評論社・2008年）335-336頁。

できるものとしていた。わが国は2005年12月に，20か月齢以下に限定して米国産牛肉の輸入を再開することにしたが，わが国の基準は，この時点ですでにOIE基準より厳しかったわけである。

(b)　OIEは，2007年5月，米国のBSEステータスを「管理されたリスク」国として認定した。「管理されたリスク」国原産の牛肉は，SRM除去等の一定条件を満たせば，月齢にかかわらず輸出入できる。これにより，わが国の基準とOIE基準との乖離は一層拡大した。

(c)　さらに2009年5月29日，OIEは，「BSEの国別ステータス評価にかかわらずBSEに関連し輸出入できる牛肉の条件」について，「30か月未満の骨なし牛肉」という月齢条件を撤廃し，「全月齢の骨なし牛肉」とするOIEコードの改正を行った[22]。これにより，わが国の基準とOIE基準との乖離はなお一層拡大した。

2011年12月19日に政府が国内対策・輸入規制の見直し案について食品健康影響評価を食品安全委員会に諮問し規制緩和の方向へ乗り出したのは，このような事情も背景の一つにあると思われる。ただ，輸入を認める牛肉を20か月齢以下から30か月齢以下へ緩和という見直しでも，OIE基準とはなお乖離が残存することになる。

このように，わが国のBSE対策は，一貫して国際基準であるOIE基準よりも厳しい基準を採用してきている。このことが直ちに予防原則が適用されているとの判定に結びつくわけではないが，この点は，前節で見た放射能汚染に係る対策が国際基準（コーデックス基準）に沿って定められていることと対照的であるということはいえるであろう。

22　厚生労働省・農林水産省「OIEコード改正の決定について」（平成21年5月29日）。http://www.mhlw.go.jp/kinkyu/bse/oie/090529-1.html（2012年2月1日アクセス）OIE科学委員会のバラ事務局長は5月27日の記者会見で「BSEの（国別）ステータス評価にかかわらず，厳格な衛生条件を満たして処理された牛肉に危険はないと判断している」と述べていた。「牛肉：輸出入の月齢条件を撤廃…OIE総会が決議採択」『毎日新聞』朝刊2009年5月31日。

5　予防原則適用の背景

BSE対策について，予防原則を適用した厳しい内容のものが継続している背景については，BSE調査報告書から窺い知ることができる。2001年11月6日に発足したBSE調査検討委員会に課せられた検討課題は，① BSEに関するこれまでの行政対応上の問題の検証，② 今後の畜産・食品衛生行政のあり方について，であった。審議の結果とりまとめられたBSE調査報告書は，Ⅰ. BSE問題にかかわるこれまでの行政対応の検証，Ⅱ. BSE問題にかかわる行政対応の問題点・改善すべき点，Ⅲ. 今後の食品安全行政のあり方，という3部構成をとっている。

そのうち，第Ⅰ部では，前述のように，農林水産省が，1996年4月にWHOから肉骨粉禁止勧告を受けながら課長通知による行政指導で済ませたことを「重大な失政」と指摘し，「さらに，危機を予測し，発生を防ぐための措置を講じて危険の水準を引き下げておく予防原則の意識がほとんどなかった」と，英国でBSE発生が確認されて以降のわが国政府の対策を厳しく批判し，予防原則という用語を明示して厳格な対策を講ずべきことを求めた。

また第Ⅲ部は，広く今後の食品安全行政のあり方について検討し，提言としてまとめたもので，まず，食品の安全性にかかわる関係法において，その法目的に消費者の健康保護を最優先し，消費者の安全な食品へのアクセスの権利を定めるとともに，その目的を達成するための，予防原則に立った措置も含む行政及び事業者などの責務を定めるなどの抜本的な改正・見直しが必要であると指摘した。そして，従来の発想を変え，消費者の健康保持を最優先するという基本原則を理念として確立することなどを求めるとともに，政府は6か月を目途に新しい“消費者の保護を基本とした包括的な食品の安全を確保するための法律”の制定と，独立性・一貫性を持ったリスク評価を中心とした“新しい行政組織”の構築に関する成案を得て，必要な措置を講ずるべきであると提言した（下線は筆者による）。

このBSE調査報告書は，その後の食品安全基本法の制定，食品安全委員会の設立など，食品安全行政の抜本改革につながる大きな影響力を持った。ここで「予防原則」（必ずしも法的な意味でのそれとは限らないにせよ）の重要性が繰り返し言及されたことは，その後のBSE対策における予防原則の一貫した適用に影響していることは間違いない。

4 まとめ

1 まとめ

⑴　放射能食品汚染に関して平成23年3月17日に定められた食品衛生法第6条第2号に基づく暫定規制値による規制は，食品安全基本法第11条第1項第3号の緊急の場合に該当するものとして食品安全委員会の食品健康影響評価を経ないでとられたものである。こうした本規制の外見から，及びこの規定が政府の国会答弁において予防原則に近いものであるとされていることからも，暫定規制値による規制は予防原則の適用があったと考えられなくもない。しかし，規制の実体を見れば，原子力安全委員会が設定した指標に基づいて決定されており，実質的に科学的根拠は有している。入手可能な既存の科学的根拠のある範囲で基準値を設定したと見られることから，科学的不確実性があっても措置をとるという予防原則の適用はないと考えるのが適当である。

緊急の場合に事前の食品健康影響評価を経ずに行政的対応を行うことができるとの食品安全基本法第11条第1項第3号の規定は，他の機関による科学的研究も入手可能ではない場合には予防原則の適用といえるが，当該分野において別途国内外の他の機関による科学的研究が入手可能であって，それが根拠になる場合には，その入手可能な科学的根拠のある範囲で措置がとられる限り，予防原則ではなく，未然防止原則の範囲内であると考えるべきである。

平成23年10月27日の食品安全委員会の食品健康影響評価の発表後の状況においては，「健康影響について言及することは困難と判断」された生涯おおよそ100ミリシーベルト未満の低線量被ばくの領域が科学的不確実性の領域ということになる。平成24年4月1日以降の新規制値は，「生涯おおよそ100ミリシーベルト」を受けた「年間1ミリシーベルト」以上を基準としているので，やはり科学的確実性の領域であり，予防原則の適用とはならないであろう。

当初科学的評価を経ていない暫定規制値が，後に科学的評価を経た規制値よりも緩やかであったということも，予防原則の適用とは考えにくい特徴である。また，新規制の「年間1ミリシーベルト」は，国際基準であるコーデックス委員会の基準に基づいていることは，科学的根拠があることを推定させる。

(2)　BSEそれ自体及びBSEとvCJDとの関連については科学的に解明されていない部分が多い。そうしたなかで，政府が予防的対策を躊躇し国内でのBSE発生を防止できなかったことから世論の批判を浴びたが，国内でBSE発生が確認された以降のわが国がとった国内対策及び輸入規制は，世界的にも厳しいもので，予防原則の適用と考えられる。

食品安全委員会が設置され，その食品健康影響評価を受けた後も，多くの科学的不確実性を残しており，それにもかかわらず規制当局は，強力な規制を続けていることから，食品健康影響評価後も予防原則が適用されているといえる。

国内でBSE発生が確認された当初に，全頭検査や全面的な食肉の輸入禁止といった強力な措置がとられ，その後，食品健康影響評価を行って規制を緩和する方向で進められてきたこと，一貫して国際基準であるOIE基準よりも厳しい基準を採用してきた，といった点においても，予防原則の適用の特徴を有しており，またこれらは上記放射性物質対策とは対照的である。

(3)　食品安全基本法は，BSE事件を契機に制定された。その基本的な考えは，食品安全行政に，リスク分析の考え方を導入することである。リスク分析の手法は，食品安全行政の基本と位置づけられた。当然のことながらBSE対策も，その後の食品安全関係の諸事件も，食品安全基本法に基づきリスク分析によって進められてきた。そして東日本大震災がもたらした食品の放射性物質対策においても，政府はリスク分析の考え方に従って対策を打っている。放射性汚染に係る対策も，BSE対策も，いずれも「食品を摂取することにより人の健康に悪影響が及ぶことを防止し，及び抑制するため」（食品安全基本法第12条）にとられている。したがって，いずれもドイツ法でいう予防原則（事前配慮原則）に当てはまる行動といえるが，EU法又は国際法でいう予防原則の適用，つまり「科学的不確実性下での予防的措置」か否かという面で見ると，BSE対策には予防原則が適用され，放射性物質対策には適用されていない，というのが結論である。なお，繰り返しになるが，本章の結論は放射性物質対策が不十分であるということを意味しないし，本章の記述は対策の十分性を検証することが目的ではない[23]。

2　根拠条文の文言との関係

放射性物質対策には予防原則が適用されておらず，BSE対策には適用されているという両者の差は，何に由来するのであろうか。まず，放射性物質対策とBSE対策，それぞれの規制の根拠条文（第7章に掲載）が，規制発動の要件をどのように規定しているかを振り返ってみる。

放射性物質の暫定規制値に基づく規制の根拠条文である食品衛生法第6条は，「有毒な，若しくは有害な物質が含まれ，若しくは付着し，又はこれらの疑いがあるもの」と規定し，平成24年4月1日からの新基準に基づく規制の根拠規定である食品衛生法第11条は，「厚生労働大臣は，公衆衛生の見地から，…基準を定め…ることができる」とのみ規定している。

次にBSE対策の根拠条文である食品衛生法第9条は，「第一号若しくは第三号に掲げる疾病にかかり，若しくはその疑いがあ（る）獣畜の肉…は，販売…してはならない」，「獣畜…の肉…は，輸出国の政府機関によつて発行され，かつ，前項各号に掲げる疾病にかかり，若しくはその疑いがあ（る）獣畜…の肉…でない旨…を記載した証明書又はその写しを添付したものでなければ，これを食品として販売の用に供するために輸入してはならない」と規定する。

以上のように，これらの規定は，その発動について「疑いがある」，あるいは「公衆衛生の見地から」といった要件を規定するにとどまり，行政庁に広範な裁量を付与している。また，放射性物質対策の根拠条文が，BSE対策の根拠条文に比べて（予防原則の適用を妨げるほどに）厳格になっているということ

23　本書は，放射性物質対策にも予防原則を適用すべきだ（現行対策は不十分だ）とか，あるいは逆にBSE規制に予防原則を適用すべきでない（現行対策は過剰だ）と主張するものではなく，両施策と科学的不確実性との関係の検討によって予防原則適用状況を法学的に把握しようとしたものである。

もない。

したがって，科学的根拠の明確な範囲で防止措置をとるか（未然防止原則の範囲内の措置にとどめるか），それとも科学的不確実性の部分に踏み込んで防止措置をとるか（予防原則の適用に踏み切るか）の判断の差は，根拠条文の文言とは無関係になされている。

3　予防原則の適用の有無と適切な保護の水準（受け容れられるリスクの水準）の関係

放射性物質対策には予防原則が適用されておらず，BSE対策には適用されているという両者の差は，適切な保護の水準（受け容れられるリスクの水準）の設定に関連するのではないかと考えられる。第7章で見たとおり，これらの対策において，受け容れられるリスクの水準は明示的に設定されていないし，むしろその観点は欠落しているのであるが，措置がある以上，黙示的には定められているはずである。それを推し量ると，食品放射性物質対策にあっては，保護の水準は，社会的・経済的要素を考慮しALARA原則に基づく容認できるリスク水準である。一定のリスクは容認するという考え方である。他方で，BSE問題にあっては，前述のように保護の水準を極めて高い水準（「受け容れられるリスクの水準」は，「無視できる」ないし「非常に低い水準」，いわばゼロリスクに近い）に設定されていると考えることができる。この結果，食品放射性物質汚染にあっては科学的根拠のある範囲での対策となり，BSEにあっては科学的不確実性のある領域まで踏み込んだ対策となった。

第3章第2節第2項において，「予防原則の適用」と「保護の水準の選択」との関係について論じた。そこでは，①「予防原則の適用」と「保護の水準の選択」とは互いに独立的であるということ，②とはいえ両者が無関係に存在するものではなく，選択された保護の水準次第で，科学的確実性の範囲での対策（予防原則による正当化が不要な措置，つまり未然防止原則に基づく措置）となるか，それとも科学的不確実性の領域まで踏み込んだ対策（予防原則による正当化が必要となる措置，つまり予防原則に基づく措置）となるかが分かれてくるということ，を述べた。本章において放射性物質対策とBSE対策について述べてきたことは，まさにその実例を示している。

食品リスクを含め，よく「予防原則に基づいて厳格な規制をとるべき」という主張が聞かれるが，前にも述べたが，厳格な規制となるかどうかを直接決めるのは，予防原則の適用の有無ではなく，受け容れられるリスクの水準をどの程度に設定するかである。予防原則の適用を云々する前に，受け容れられるリスクの水準を幅広い関係者の間できちんと議論して決定することが本質的な問題である。そのようにして受け容れられるリスクの水準が定まって，それを達成するための措置・対応をとるに当たり，それが科学的不確実性の領域にある場合に，そこで一定の条件の下に予防原則を適用して科学的不確実性を補完する必要が出てくると考える。

第9章
国際貿易分野における予防原則
――WTOホルモン牛肉紛争，遺伝子組換え産品紛争の分析から

1　本章の課題

1　WTO／SPS協定とは

国際通商分野において予防原則をめぐる議論が最も先鋭化しているのは，食品の分野である。これには，近年，経済のグローバル化の進展する中で，BSE（いわゆる狂牛病）事件の発生等により消費者の間に食品安全性（リスク）に対する関心が高まっていることにより食品安全規制をめぐる国際的な摩擦が増大しているという背景事情がある。

食品安全規制に関する国際規律を定めているのが，WTO（世界貿易機関）のSPS協定（Agreement on the Application of Sanitary and Phytosanitary Measures；衛生植物検疫措置の適用に関する協定）[1]である。

SPS協定成立までの経緯を振り返ってみよう。WTOの前身であるGATT体制の当初は，関税措置が貿易障害の代表であったが，ケネディーラウンド（1964-1967）で関税が大幅に削減された後，代わって各国が制定する産品の規格・基準といった非関税措置の有する貿易に対する潜在的な障害への懸念が増

1　SPS協定については，Scott, J., *The WTO Agreement on Sanitary and Phytosanitary Measures*（Oxford University Press, 2007）及び内記香子『WTO法と国内規制措置』（日本評論社・2008年）が重要文献。ホルモン牛肉紛争，遺伝子組換え産品紛争等については，藤岡典夫『食品安全性をめぐるWTO通商紛争――ホルモン牛肉事件からGMO事件まで』（農山漁村文化協会・2007年）参照。

大した。その結果，東京ラウンド（1973-1979）においてスタンダード協定が成立し，それは，産品の規格・基準を通じた差別と国内製品の保護を禁止し，また規格・基準が必要である以上に貿易制限的であることを禁止した。また，産品の規格・基準は，たとえGATTの無差別原則（最恵国待遇・内国民待遇）に合致していたとしても実質的に特定国の産品を不利にすることがあることが認識され，国による規格・基準の違いを解消する必要性が強調されるようになり，スタンダード協定は国内措置を国際基準に基づかせ，調和（ハーモナイゼーション）に向かって協力することを促した。この当時は，「衛生植物検疫措置」（SPS措置）は，GATTの一般的な規定とスタンダード協定の規律を受けていた。ウルグアイラウンド（1986-1994）においては，農業保護措置に対する規律の厳格化が図られ，この農業保護規制の逸脱を防ぐため，SPS措置についてより強力な規律を目的にSPS協定が成立した。同時にスタンダード協定を強化したTBT協定（貿易の技術的障害に関する協定）が成立した。

SPS協定の規律の対象となるのは，「衛生植物検疫措置」（SPS措置）であり，これには食品や動・植物経由での人及び動・植物の生命・健康にとってのリスクからの保護措置が含まれ[2]，検疫，輸入禁止，産品の規格，承認手続等の形式をとるものである。SPS協定の目的は，加盟国が人及び動・植物の健康保護のための規制をとる権限を有することを認めつつ，健康保護規制を隠れ蓑にした保護主義的な措置を防止することである。

2　本章の課題

SPS協定に関しては本書のこれまでの章においても，SPS措置をとるに際しての「適切な保護の水準」（受け容れられるリスクの水準）の決定についての裁量，SPS措置が「必要である以上に貿易制限的でないこと」を要求する必要性要件等についての議論や判例を何度か参照してきたが，本章では，SPS協定における予防原則の扱いの現状を検討課題とする。

これまでにWTO紛争解決手続によって処理されたSPS協定関連の紛争にお

2　EC・遺伝子組換え産品規制事件のパネルによれば，有害動植物の進入等による環境や生物多様性への損害の防止措置も，SPS協定の対象となりうる。

いて，予防原則は重要な争点の一つとなっている。SPS協定は「科学的原則」を掲げ，「科学に基づく義務」を中核的な規律として定めており，GATT（関税と貿易に関する一般協定）などWTOの他の協定はこのような明確な「科学に基づく義務」を規定していないことから，予防原則はWTO協定の中でも特にSPS協定の文脈で問題になる。実際いくつかのSPS紛争において「科学に基づく義務」の違反を申し立てられた措置国が，その措置の正当性を根拠づけるために予防原則を援用し，論争になってきた。WTOの基本的理念である自由貿易と，食品の安全性確保のための予防的措置という，相反する可能性のある二つの要請にWTOがどのように取り組んでいるかを見ることは，科学的不確実性下における環境・食品政策のあり方を考える上で有益であると考える。

2　ホルモン牛肉紛争，遺伝子組換え産品（GMO）紛争のあらまし

SPS協定関連の食品安全性をめぐる紛争事例には，いくつかあるが，以下では代表格といえるホルモン牛肉紛争と遺伝子組換え産品（GMO）紛争を中心に，「科学に基づく義務」と予防原則がどのように処理されたかを見ていきたい。

1　ホルモン牛肉紛争

ECが人の健康へのリスクを理由に牛の成長促進ホルモンの使用並びにこれらを使用した牛肉の流通と輸入をEC指令に基づき禁止したのに対して，米国はEC措置の本当の目的がEC産牛肉の保護にあり「不当な貿易障壁である」と主張して当時のGATTに提訴したのに始まり，さらにWTOに場を移して2次にわたり紛争解決手続がとられた。その第1ラウンドは，1996年に米国とカナダがECのホルモン牛肉輸入禁止措置をSPS協定違反として提訴した「EC・ホルモン牛肉規制事件」である。WTOのパネル（一審）[3]と上級委員会（二審）[4]はともにECの措置をSPS協定（適切なリスク評価に基づく義務を定めた5条1項

3　Report of the Panel: EC – Measures Concerning Meat and Meat Products (Hormones), WT/DS26/R/USA (18 Aug. 1997).

など）に違反すると認定，1998年にECに対して是正を勧告した。

ところがECがWTOの勧告を履行しなかったため，米国がECに対し制裁措置として譲許停止[5]を発動したのに対し，ECは2003年に新たな指令（引き続きホルモン牛肉を輸入禁止）を採択した後，2005年に米国の制裁措置を「もはや正当性が失われた」としてWTOに逆提訴したのが第2ラウンドの「米国・譲許停止継続事件」である。こちらの事件は，米国の譲許停止の継続がDSU（紛争解決了解）に違反するという訴えであったが，本質的な争点は，先の事件と同様，ECの措置（ホルモン牛肉の輸入禁止）のSPS協定適合性であった。2008年10月に出た本事件の上級委員会最終報告[6]は，EC新指令の措置についてSPS協定違反を認定したパネル判断[7]のいくつかの点を破棄しつつもその分析に不備が多いことから最終判断はせず，遵守パネル[8]の手続を開始するよう勧告した。ところが，遵守パネル設置に至らないまま2009年5月に米―EC間で双方の妥協が成立し政治決着することとなった。

2　遺伝子組換え産品（GMO）紛争

ECは，1990年から遺伝子組換え産品（GMO）の環境放出（栽培等）・市場流通の事前承認制度を設定していたが，1999年6月の環境相理事会においてデンマーク，ギリシャ，フランス，イタリア及びルクセンブルクが「GMO及

4　Report of the Appellate Body: EC – Measures Concerning Meat and Meat Products (Hormones), AB-1997-4, WT/DS48/AB/R (16 Jan. 1998).

5　被申立国がWTOの勧告を期限内に履行しない場合には，DSU（紛争解決了解）に基づき，申立国は「対抗措置」（いわゆる制裁措置）として「譲許その他の義務の停止」をとることが認められる。本件では，米国は譲許税率（WTOで約束した税率）を超える関税引き上げを発動した。

6　Report of the Appellate Body: United States – Continued Suspension of Obligations in the EC-Hormones Dispute, AB-2008-5, WT/DS/320/AB (16 Oct. 2008).

7　Report of the Panel: United States – Continued Suspension of Obligations in the EC-Hormones Dispute, WT/DS/320/R (31 March 2008).

8　WTOの是正勧告を受けて被申立国のとった措置が対象協定に適合しないと申立国が考える場合，DSU21条5項に基づき提訴できる。この場合，いわゆる「遵守パネル」（21条5項パネル）が設置され，審査される。

びGMO由来製品の表示及びトレーサビリティを確保するための完全な規則が採択されるまでの間，GMOの栽培と市場流通の新規の承認を停止させるための手段をとる」との共同宣言を発表した後，ECではGMOの新たな承認は行われない状態が続いた（GMO新規承認の「モラトリアム」と呼ばれる）。さらに，既にECレベルで承認済みのGMOについて，EC加盟6か国（オーストリア，フランス，ドイツ，ギリシャ，イタリア，ルクセンブルク）は，人の健康又は環境に対するリスクがあるとして1997年2月から2000年8月の間に9件のセーフガード措置（流通又は輸入の禁止）をとった。米国，カナダ及びアルゼンチンの3か国は，ECの措置（「モラトリアム」と加盟国のセーフガード措置）がSPS協定に違反するとして2003年5月にWTOに提訴したのが，EC・遺伝子組換え産品規制事件である。2006年9月に出されたWTOパネル報告[9]は，上記措置のSPS協定（5条1項等）違反を認定し，上級委員会への上訴がなかったためこれで確定している。

3　SPS協定の「科学に基づく義務」と予防原則の関連

以下では，SPS協定の「科学に基づく義務」関係の規定が上記紛争においてどのように適用されたかを見ていくなかで，予防原則の思想がどのように取り入れられているかを見ることにする。

1　「科学的原則に基づいてとる」（2条2項）及び「適切なリスク評価に基づいてとる」（5条1項）の規定に関して

SPS協定の「科学に基づく義務」関係の基本となる規定は次のとおりである。

第5条　リスク[10]の評価及び衛生植物検疫上の適切な保護の水準の決定

1　加盟国は，関連国際機関が作成したリスクの評価の方法を考慮しつつ，

9　Report of the Panel: European Communities – Measures Affecting the Approval and Marketing of Biotech Products WT/DS291, 292, 293/R (29 Sep. 2006).

10　SPS協定のriskの公定訳は「危険性」となっているが，本章ではそのまま「リスク」とする。

自国の衛生植物検疫措置を人，動物又は植物の生命又は健康生育に対するリスクの評価であってそれぞれの状況において適切なものに基づいてとることを確保する。

2　加盟国は，リスクの評価を行うに当たり，入手可能な科学的証拠，関連する生産工程及び生産方法，関連する検査，試料採取及び試験の方法，特定の病気又は有害動植物の発生，有害動植物又は病気の無発生地域の存在，関連する生態学上及び環境上の状況並びに検疫その他の処置を考慮する。

3　加盟国は，動物又は植物の生命又は健康に対するリスクの評価を行い及びこれらに対する危険からの衛生植物検疫上の適切な保護の水準を達成するために適用される措置を決定するに当たり，関連する経済的な要因として，次の事項を考慮する。

・有害動植物又は病気の侵入，定着又はまん延の場合における生産又は販売の減少によって測られる損害の可能性

・輸入加盟国の領域における防除又は撲滅の費用

・危険を限定するために他の方法をとる場合の相対的な費用対効果

「リスク評価」の定義は，協定附属書A(4)に定められている。分かりやすいように整理して書くと以下のようになる。

①「適用し得る衛生植物検疫措置の下での輸入加盟国の領域内における有害動植物若しくは病気の侵入，定着若しくはまん延の可能性（likelihood）」，並びに「これらに伴う潜在的な生物学上の及び経済的な影響」，についての評価，又は，

②「飲食物若しくは飼料に含まれる添加物，汚染物質，毒素若しくは病気を引き起こす生物の存在によって生ずる人若しくは動物の健康に対する悪影響の可能性（potential）についての評価」

SPS協定は，加盟国がSPS措置を「科学的原則に基づいてとり，5条7項に規定する場合を除くほか十分な科学的証拠なしに維持しないこと」(2条2項)を要求し，さらにそれを具体化してSPS措置を「適切なリスク評価に基づいてとること」(5条1項）を要求する。SPS協定の「科学に基づく義務」を定める

重要な規定である。「科学」「リスク評価」は，その規制が本当に生命・健康保護のための措置であるか（それとも生命・健康保護目的を偽装した保護主義でないか）どうかを客観的に判断する役割を担っているといえる。ただし，2条2項には「5条7項に規定する場合を除くほか」とあり，このことについては後述する。

EC・ホルモン牛肉規制事件においては，結論として，ECが根拠として提出した科学的研究が「ホルモン一般のリスク」の研究にすぎず，本件で問題になっている「牛肉中に残留したホルモンのリスク」に十分特定的でないこと等を理由に，ECの措置は「適切なリスク評価」要件を満たさず，2条2項及び5条1項違反と認定された。

EC・遺伝子組換え産品規制事件においては，結論として，ECの「モラトリアム」についてはSPS協定附属書C(1)(a)第1クローズ違反（承認手続の不当な遅延）のみ認定し，加盟国のセーフガード措置については「適切なリスク評価」要件を満たさないとして2条2項及び5条1項違反を認定した。

これらの事件の2条2項及び5条1項に関するWTO判断の中で，予防原則との関係で見ておくべきことは大きく2点ある。

慣習国際法又は法の一般原則としての予防原則を認めるか

第一に，慣習国際法又は法の一般原則としての予防原則が認められるかについてである。後述のとおり，SPS協定は5条7項において限定的ながら予防原則を反映した明文の規定を置いているが，それとは別に，慣習国際法又は法の一般原則として予防原則をWTOにおいて援用できるかどうかという問題である。EC・ホルモン牛肉規制事件において，ECはその措置が「適切なリスク評価に基づいている」との主張の根拠の一つとして慣習国際法又は法の一般原則としての予防原則によっても根拠づけようとしたが，上級委員会は次のように述べてこれを否定した。

> 国際法における予防原則の地位は，学者，実務家，規制者，裁判官の間で議論の対象であり続けている。予防原則は，環境に関する慣習国際法の一般原則に結晶化したとみなす者もある。慣習国際法又は一般原則として加盟国によって広く受容されたか否かは明確ではない。しかしながら，我々

> は，この上訴において，上級委員会がこの重要ではあるが抽象的な問題に一定の立場をとることは不必要であり，おそらくは軽率であろうと考える。我々は，国際法における予防原則の地位に関してパネル自体がいかなる決定的な結論を出さなかったこと，及び予防原則が少なくとも国際環境法の分野外では依然として権威ある定式化を待っていることに留意する。(para. 123)

EC・遺伝子組換え産品規制事件においても，パネルは上記見解をそのまま踏襲した。

> 現在も予防原則の地位についての法的議論は未だ続いていると思われ，特に，予防原則を一般原則又は慣習国際法として承認する国際裁判所による決定は今日まで存在していない。確かに，予防原則を明白に適用している規定が多くの国際条約及び宣言に組み込まれているし，国内レベルにおいても適用されているが，他方で，予防原則の正確な定義及び内容に関して疑問が残っている。学説も両論ある。以上のように予防原則の法的な地位が解決されておらず，ホルモン事件の上級委員会と同様，本件において法的な請求の処理上，予防原則が承認された一般原則又は慣習国際法かどうかについて一定の立場をとる必要がないことから，パネルは，この問題について見解を表明することを差し控える。(paras. 7.88-7.89)

以上のように，WTO上は慣習国際法又は法の一般原則としての予防原則は認められていない。

2条2項及び5条1項の解釈に当たって科学的不確実性の考慮

第二に，2条2項及び5条1項の解釈に当たって科学的不確実性を考慮に入れることによる予防原則の解釈指針としての可能性である。上記のように，EC・ホルモン牛肉規制事件上級委員会は，慣習国際法又は法の一般原則としての予防原則を否定したが，それに続くパラグラフにおいて次のように注目すべきことがらを述べた。

> それでも，SPS協定と予防原則の関係についていくつかの点に留意することが重要であると思われる。第一に，予防原則は，SPS協定の特定の条項において定められている加盟国の義務に反するSPS措置を正当化するため

の理由としてSPS協定の中に書かれていない。第二に，予防原則は，SPS協定の5条7項に反映されていると認める。我々は同時に，5条7項が予防原則との関連を言い尽くしていると考える必要はないというECの見解に同意する。予防原則は，前文の第6パラグラフ及び3条3項においても反映されている。これらは明らかに，現存する国際基準，ガイドライン及び勧告よりも高い（つまり警戒的な）衛生保護の適切な水準を確保する加盟国の権利を認めている。第三に，加盟国による特定のSPS措置の維持に必要な「十分な科学的証拠」が存在するかどうかについて任務を課されたパネルは，回復不可能な生命にかかわる人の健康に害を与えるリスクが関連する場合，責任あるそして代表制による政府が一般に慎重かつ予防の観点から行動することを心に留めることができるし，そうすべきである。しかしながら最後に，予防原則はそれ自身では，そしてその効果について明確な文言上の指示なくしては，SPS協定の規定の解釈に当たり，条約上の解釈の通常の（例えば慣習国際法の）原則を適用する義務からパネルを解放しない（para. 124）。（下線は筆者）

この「第三に」として述べていることは，「十分な科学的証拠に基づいてとる」（2条2項）及び「適切なリスク評価に基づいてとる」（5条1項）要件の適用に当たり，規定の解釈指針としての予防原則の可能性，つまり予防原則の反映の結果として科学的不確実性を考慮に入れた柔軟な解釈の可能性を示唆するものといえる。だからといって，予防原則を持ち出して規定の通常の解釈の範囲を逸脱することまでは認められないということも同時に述べて釘を刺している。EC・ホルモン牛肉規制事件上級委員会の上記二つのパラグラフ（paras. 123-124）で述べられていることは，SPS協定における「科学に基づく義務」と予防原則の両者の関係をクリアカットに説明する重要なステートメントといえるだろう。

また，EC・ホルモン牛肉規制事件上級委員会は，別の箇所で「適切なリスク評価」要件の意味について，次のような注目すべき解釈基準を示した。まず，① 定量的評価である必要はなく，定性的評価でもよい。また「最小限のリスクの規模」を証明する必要はない。ただし，評価されるリスクは「確かめることのできるリスク」でなければならず，「理論上の不確実性（理論的には常に存在している不確実性)」では足りない（paras. 184-186)。次に，② 科学界の多数意見でなくてもよい（つまり少数意見でも構わない)。特に②は，次のとおりである。

> 我々は，リスク評価が一枚岩的な結論に到達しなければならないとは思わない。リスク評価は，科学的意見の「主流」を代表する支配的意見とともに，異なる見解をとる科学者の意見も述べることができる。5条1項は，リスク評価が関連する科学界の多数の意見のみを必ず体現しなければならないということを要求していない。……特定の問題を調査した資格ある科学者によって提出された異なる意見の存在そのものが，科学的な不確実性の状態を示しているかもしれない。……責任ある代表制による政府は，適切で信用性のある情報源に由来する異なる意見に基づき，誠実に行動することができる。これは，それ自体では，特に当該リスクが生命を脅かす性質のものであり，公衆の健康と安全に対する明白かつ差し迫った脅威を構成すると認められる場合は，SPS措置とリスク評価の間の合理的な関係の不存在を必ずしも表すものではない（para. 194)。(下線は筆者)

これらの点は，「予防原則」又は「予防的アプローチ」という用語は使用されていないものの，リスク評価には科学的不確実性が存在することを念頭に，「適切なリスク評価」要件の柔軟な解釈を可能にするものといえよう。特にpara. 194は，「科学的不確実性の状態」という表現が示唆するとおり，上級委員会がpara. 124で述べた予防原則を反映する形での「適切なリスク評価」要件の解釈のあり方を，より具体的に示したものといえよう。

EC・遺伝子組換え産品規制事件においては，パネルは，5条1項の要件に関し次のように述べた。

> 関連する科学的証拠が，(SPS協定附属書で定義され5条1項によって要求される）リスク評価を遂行するのに十分ではない場合は，加盟国は，SPS協定5条7項に従って入手可能な適切な情報に基づき暫定的にSPS措置を採用することができる。反対に，関連する科学的証拠がリスク評価を遂行す

> るのに十分な場合は，加盟国はSPS措置をリスク評価に基づいてとらなければならない。もちろん，その関連する科学的証拠がリスク評価を遂行するのに十分であるということは，そのリスク評価の結果及び結論が不確実性（例えば，リスク評価の遂行の過程においてなされた一定の仮定に関連する不確実性）から免れているということを意味しない。加盟国は，SPS措置をとることを決定する際にそのような不確実性を考慮に入れることができるのであり，あるリスク評価は，ある幅を持った措置の根拠となることができる。この範囲内で，加盟国は，適切な保護の水準を考慮に入れて，人の健康及び／又は環境の最善の保護を提供する措置を選択する自由がある。（para. 7.1525）

ここでは予防的アプローチに明示的に言及してはいないが，これとほぼ同じ内容の表現が，「予防的アプローチ」と明示して以下でも現れる。

> 予防的アプローチが，「リスク評価」の要件の適合性に関係があるとの考え方には同意する。加盟国は原則として，実行したリスク評価に科学者の信用性のレベルに影響する要因が存在する場合は，その適切な保護水準を達成するために適用される措置の決定に当たりこのことを考慮に入れることができる。つまり，リスク評価が不確実性又は制約を特定する場合，予防的アプローチに従う加盟国は，…他の加盟国が同一のリスクに対処するために適用するSPS措置よりも厳しいSPS措置を適用することも正当化される。しかしながら，そのSPS措置は，リスク評価「に基づく」ことが必要である。予防的アプローチは，5条1項の要件に従った方法において適用されることが必要である。（para. 7.3065）

ここでパネルは，「予防的アプローチ」という表現を使って，EC・ホルモン牛肉規制事件上級委員会が述べたように科学的意見にさまざまなものがあり，不確実性を伴うことを考慮して，「適切なリスク評価」要件の柔軟性を許容した。

2　科学的証拠が不十分な場合に暫定的措置をとることができる（5条7項）の規定に関して

SPS協定は，SPS措置を「十分な科学的証拠」，具体的には「適切なリスク評価」に基づいてとることを義務づけるが，この義務は2条2項にあるとおり「5条7項に規定する場合を除く」となっている。その5条7項は，次のように規定されている。

> 7　加盟国は，関連する科学的証拠が不十分な場合には，関連国際機関から得られる情報及び他の加盟国が適用している衛生植物検疫措置から得られる情報を含む入手可能な適切な情報に基づき，暫定的に衛生植物検疫措置を採用することができる。そのような状況において，加盟国は，一層客観的なリスクの評価のために必要な追加の情報を得るよう努めるものとし，また，適当な期間内に当該衛生植物検疫措置を再検討する。

この規定は上記の「十分な科学的証拠」（リスク評価）に基づいてとる義務を，一定の条件（追加情報を得るよう努めること，適当な期間内に再検討すること）の下に免除するものである。この規定は，科学的証拠に100％裏付けられていない段階でも予防的に規制措置をとる途を限定的ながら開いており，先に引用した上級委員会のステートメントにあるとおり予防原則が反映されたものとされている。

ここで「関連する科学的証拠が不十分な場合」とは何なのかが問題になる。EC・ホルモン牛肉規制事件では，この規定について判断はなされず，これについては，日本の火傷病検疫措置が提訴された日本・リンゴ検疫事件で，「5条1項で求められる十分なリスク評価（“adequate assessment of risks”）が行えるだけの入手可能な科学的証拠がないこと」を意味するという上級委員会[11]の判例がある。こうした解釈のため，EC・遺伝子組換え産品規制事件までは，この規定の援用の可能性はかなり狭かった[12]。

米国・譲許停止継続事件では，これに関連する新たな問題が争われた。国際基準が存在する場合（国際基準が存在するということは既に国際基準が依拠した科学的証拠があるはず）において「科学的証拠が不十分な場合」であると主張して5条7項を援用することが可能なのか，という問題である。本件で問題にな

11　Report of the Appellate Body: Japan – Measures Affecting the importation of Apples, AB-2003-4, WT/DS245/AB/R (26 Nov. 2003) .

12　内記・前掲注（1）167頁。

っているホルモンに関しては，国際基準であるコーデックス基準が存在しており，ECはコーデックス基準よりも高いレベル（厳しい）の措置をとっているという状況であった[13]。そしてECが5条1項の「リスク評価要件」を満たさない措置について5条7項を援用して正当化を試みたのに対し，パネルは，「国際基準が存在する場合に5条7項の『科学的証拠が不十分』に当たるとするためには，以前あった証拠が不十分であるとするだけの新たな証拠又は情報が決定的に十分に存在しなければならない（“there must be a critical mass of new evidence and/or information”）」と述べ（para. 7.648），ECの措置はこの基準に合致しないとして同項の援用を認めなかった。ところが，ECの上訴を受けた上級委員会は，「① 国際機関が依拠する科学的証拠は，その後の科学の発展により十分ではなくなる可能性があると述べて（paras. 692-965），国際基準が存在していても5条7項援用は可能であることを示唆するとともに，②「パネルの採用した『決定的十分性』の基準は柔軟性に欠け，あまりに高いハードルを課すものである」と述べて（paras. 702-707），パネルの示した基準を破棄した。上級委員会は5条7項の要件を満たすのかどうかについての最終的な結論は下していないものの，従来の判例の上に立ちつつ，措置採用国に有利な判断を追加していることが注目される[14]。

4 まとめ

WTOの上級委員会が，特にEC・ホルモン牛肉規制事件において示した予防原則（「十分な科学的証拠」や「適切なリスク評価」の意味を含む）に関連する判断は，その後に出された欧州委員会の「予防原則に関するコミュニケーション」及び欧州司法裁判所の判例に大きな影響を与えた[15]。WTOの裁定は結論だ

13　コーデックス基準では，合成ホルモンについては特定の残留基準を定め（つまりその残留基準に従っていれば安全性に問題なし），天然ホルモンについては残留基準を定める必要はない（つまり安全性に問題なし）とされていた。一方のEC措置は合成ホルモン，天然ホルモンのいずれも全面的禁止であった。

14　京極（田部）智子・藤岡典夫，「SPS協定の「科学」に関する規律の解釈適用——EC・ホルモン牛肉規制事件を中心に」『農林水産政策研究』第17号（2010年）21-24頁。

け見ると，EC・ホルモン牛肉規制事件やEC・遺伝子組換え産品規制事件にしても，SPS協定2条2項，5条1項違反となっており，「WTOは自由貿易のために健康や環境をないがしろにする」との見方をされることもあるが，WTO／SPS協定は真に健康・環境保護の目的の規制であれば加盟国の規制主権を尊重して認めていること，その上で健康・環境保護を偽装した保護主義的規制は排除するとしていることに着目すべきである。

問題は，「真に健康・環境保護の目的」かどうかグレーゾーンにある場合である。上級委員会がEC・ホルモン牛肉規制事件等において慣習国際法又は法の一般原則としての予防原則に否定的見解を示したことだけがよく注目されがちであるが，それは一面にすぎない。2条2項，5条1項及び5条7項の解釈に当たって科学的不確実性を考慮に入れることによる柔軟な解釈を示唆してきていることが注目されるべきである。もちろん，こうした解釈が十分なものかどうかはさらなる検討が必要であるものの，WTO紛争解決機関が，措置採用国の行った判断に予防原則の考え方を取り入れつつ一定程度の配慮をし「健康保護のための加盟国の規制主権」と「保護貿易主義の防止」との微妙なバランスに腐心している様子がうかがえる。WTOは，自由貿易ルールと調整可能な予防原則のあり方を追求しているともいえよう。

15　Scott・前掲注（1）128頁は，予防原則・リスク評価要件関連での最近の欧州裁判所判例（T-13/99 Pfizer, C-192/01 Commission v. Denmark等）の言い回しは，EC・ホルモン牛肉規制事件上級委員会のそれに類似し，この問題についてWTO法のEU法への影響は明白である，とする。なお，「科学的不確実性」に関するWTO法とEU法との相違については，内記香子「EUとWTOにおける遺伝子組換え産品に関する規制」『日本国際経済法学会年報』18（2009年）145-179頁に詳しい。

終　章
まとめと今後の課題

1　本書の主要な目的は,「はじめに」に示したとおり,環境問題について「予防原則に基づく対応を」と主張する場合に,どのような,どの程度の対策をとるべきかについての十分かつ適切な検討が伴わなければ問題の解決にはならないことから,予防原則の下でとる措置はどのようなもので,どの程度の強さであるべきなのか,つまりは予防原則に基づく措置の合理性をどのように担保するかという課題に対して,法学的アプローチで追求することであった。主に第1部と第2部（第1章から第5章まで）が,この課題に応えたつもりである。

ここの議論のポイントは,第一に,予防原則に基づく措置に対して,比例原則や一貫性原則といったリスク管理の一般原則による実体的統制の構成を確立する必要があること,第二に,これらの法原則による統制は,適切な保護の水準（受け容れられるリスクの水準）の決定が鍵を握っていることである。

各章ごとに簡単に振り返ってみる。

第1部（第1章～第3章）では,予防原則に基づく措置への比例原則による統制について考えた。そもそも環境・健康リスク管理措置の決定は,① 適切な保護の水準の決定と,② それを達成するための手段の選択（つまり措置の決定),という二つの構成要素に分けることができる。分析の第一ステップとして,予防原則の適用の有無にかかわらない環境・健康リスク管理措置一般について検討し,① について立法府等が幅広い裁量を享受することを出発点に,② に対する比例原則による統制の程度を,三つの部分原則毎に考察した（第2章)。そのあと第二ステップとして,予防原則の適用がこれにどのように影響するかを検討し（「適切な保護の水準の決定」と「予防原則の適用」は，互いに独立的であるとの考えから，予防原則の適用は，①には影響せず，②に影響する），最後に予防原則に基づく「環境・健康リスク管理措置」に対する比例原則による統制を総括して，比例原則のうち必要性原則が機能すると結論づけた。こうして，予防原則に基づく措置への比例原則に基づく実体的統制は，必要性原則を中心に十分に追求可能であるとした（第3章）。

第2部（第4章，第5章）は，比例原則以外の，環境・健康リスク管理に適用されるべき原則・手法に関連する考察を行った。うち第4章では，「予防原則の適用の主張は，リスクトレードオフを考慮しないで，ある特定のリスク（目標リスク）にのみ焦点を当てがちである」という批判があることを踏まえ，予防原則を適用する場合に対抗リスクにも十分に考慮を払って対応を考えるべきことをまず指摘した。次に，「リスクトレードオフの存在は，予防原則が『役に立たない』あるいは『矛盾，麻痺』であることを示している」という，予防原則の存在意義自体への疑問や批判がなされてきていることについて考察し，予防原則概念の定義次第でこれらの疑問・批判が当てはまらないことを示しつつ，予防原則概念の定義に当たってリスクトレードオフの考慮の必要性を指摘した。また，第5章は，一貫性原則について検討した。この原則は，限定的ながらも環境・健康リスク管理措置の合理性を担保するための手段として重要な機能を持つべきであると考え，環境・健康リスク管理における一貫性原則を「他の比較可能な状況との比較において，受け容れられるリスクの水準について恣意的又は不当な区別をしないこと」と定義付けることを提案するとともに，「恣意的又は不当な区別」に当たらない場合（つまり区別の正当化理由）の類型化を進めるべきことを指摘した。

2　以上の第1章から第5章までの分析は，「予防原則の下でとる措置を，リスク管理原則でどのように統制するか，縛りをかけるか」というものであるため，もしかすると予防原則を弱めることになるのではないか，というように誤解されるかもしれないが，そうではない。むしろこれらの分析は，予防原則批判に対する反論にもなっていると考える。その意味を以下に説明する。

従来から予防原則に対しては，(a) 内容・効果が一義的でないので法原則とはいえない，(b) 裁量が広がりすぎ，また過剰規制となる懸念がある，(c) リスクトレードオフの発生を考慮すると，かえって弊害を生み，又は政策上の原則として役に立たないか，又は矛盾，麻痺である，等の批判・指摘が投げかけられてきた。

本書は，(a)に対しては，次のように考えた。まず，環境リスク管理において，① 適切な保護の水準（受け容れられるリスクの水準）にかかる裁量に由来する効果と，② 予防原則それ自体の効果とを明確に区別した（第3章）。つまり，保護の水準を高く（「受け容れられるリスクの水準」を低く）設定するように誘導することを，予防原則の効果とは切り離した。こうした構成は，予防原則の機能・効果の明確化・限界付けに資すると考える。

次に(b)に対しては，上述のとおり比例原則，一貫性原則及びリスクトレードオフ分析という一般的なリスク管理原則による実体的統制が十分に可能であることを明確に示し，予防原則適用下でも裁量が決して広がりすぎるものではない（広がりすぎないような構成が可能である）ことを明らかにした。

また第3部（第6章）の検討結果は，適用要件の面から(b)に応えるものとなっている。ここでは，予防原則の適用要件の一つである「損害のおそれ」の要件について検討し，「深刻な又は回復不可能な」という限定詞を「損害のおそれ」要件から外す欧州委員会のアプローチでは，予防原則の適用についての裁量が極めて幅広いものになり，予防原則の援用の開始が恣意的になるおそれがあることを指摘した。さらに，第9章も(b)に関連する。ここでは，WTO（世界貿易機関）の紛争解決手続において，措置採用国の行った判断に予防原則の考え方を取り入れつつ一定程度の配慮をし「健康保護のための加盟国の規制主権」と「保護貿易主義の防止」との微妙なバランスに腐心している状況を見た。WTOは，自由貿易ルールとの調整が可能な予防原則のあり方を追求しているともいえよう。

(c)に対しては，上記のとおり，リスクトレードオフとの関連で予防原則は「役に立たないか，又は矛盾，麻痺である」というような批判が必ずしも当てはまらないことを示した（第4章）。

このようにして本書は，予防原則の要件，内容及び効果の明確化，並びに予防原則に基づく措置の合理性の担保及び裁量の的確な統制を可能とする構成・方法を示したもので，予防原則に対する批判論への回答ともなっており，この原則の法原則としての確立に資するものであると考えている。

3 以上の予防原則に直接関わる分析及び提言等と並んで，本書のもう一つの重要なメッセージは，――これは予防原則の適用の有無にかかわらないのだが――，わが国における適切な保護の水準（受け容れられるリスクの水準）の議論，及びそれを踏まえたリスク政策（リスク管理措置）の決定の重要性である[1]。

そうした政策決定のためには「リスク」の概念自体が十分に理解され受け容れられていなければならないが，この点について不十分なわが国の風土・文化の現状が大震災と福島第一原発事故でも浮き彫りになった[2]。リスク管理措置は，

---

1 この点は，法学者の中ではすでに阿部泰隆氏が指摘していたところである。同氏は，わが国における環境リスクに関する法理論やリスク管理に関する議論は不十分，発展途上であるとし，今後の方向としてのリスク管理のあり方についていくつか重要な指摘をしているが，その中で，どの程度のリスクを受け容れるかというリスク管理の問題があること，そしてこれは科学問題ではなく，国民の選択ないし政策の問題であること，リスクがどの程度あれば許容されるかは裁判官が決めるのではなく社会が決めるべきであるとしていた（中西準子・蒲生昌志・岸本充生・宮本健一編『環境リスクマネジメントハンドブック』（朝倉書店・2003年）378頁〔阿部泰隆執筆〕)。わが国の行政法学及び裁判例においても，「保護の水準」なり「受け容れられるリスクの水準」（このとおりの用語は使用していないが）の考え方は見られ，このことは，専門技術的裁量の議論の中で，特に原子力発電施設に関係して議論されている。この点に関し，藤岡典夫「安全性判断に係る「専門技術的」行政裁量に関する一考察」『早稲田大学大学院法研論集』第146号（2013年）141-166頁参照。

2 「東京電力福島原子力発電所における事故調査・検証委員会」（平成24年7月23日）の畑中洋太郎委員長は，その最終報告書（447頁）において，「委員長所感」として，「危険の存在を認め，危険に正対して議論できる文化を作る」必要性があるとし，「危険が存在することを認めず，完全に排除すべきと考えるのは一見誠実な考え方のようであるが，実態に合わないことがままある。……危険を完全に排除すべきと考えることは，可能性の低い危険の存在をないことにする『安全神話』につながる危険がある。」と指摘している。ここでいう「危険」とは，おそらく「リスク」のことを指していると思われる。リスクの存在を許さないわが国社会の風土あるいは文化が，リスクの現実化への備えを妨げかねないという問題を指摘したものと理解できる。

安全と危険の境界として科学的に決まるものではなく，「どこまでのリスクを受け容れるか」という規範的価値判断に基づき決定されるものであるということが認識される必要がある。この認識があいまいであるとの問題状況は，国民一般だけではなく政府の施策においても見られ，第7章で食品安全政策（放射性物質汚染とBSE対策）における適切な保護の水準の欠落の状況とそれがもたらす問題点を指摘した。そこでは，政府が国民の「安心」を得ようとしてリスク及びリスク政策の本質・意味を正確に伝える努力を怠り，その結果，逆に国民の間に施策への不信感や過剰なゼロリスク志向をもたらしている実態を見た。このような現状を改め，リスクを国民に正確に伝えてその受容可能性を議論することによって，リスクに正面から向き合うことのできる風土・文化を創ることが，予防原則の下で適切な予防的措置が採用され実行されるために，さらには政策への国民の信頼を保つためにも重要な課題である。

本書は，ゼロリスクのような高い環境・健康の保護水準の決定を否定するものではない。適切な保護の水準（受け容れられるリスクの水準）は，第1章で述べたようなさまざまな考え方・規準に従って諸利益の衡量の下でとられることになり，それは国民の選択に依存する。そのなかで例えば，もしリスクが現実化したときには巨大な損害が発生するリスクは「受け容れられるリスクの水準はゼロ」という選択もありうるであろう。いずれにせよ，費用対効果等十分な情報開示と広く利害関係者の参加の下に議論がなされ，透明性を持って決定されることが重要である。本書では保護の水準の実体面に絞ったため触れなかったが，リスクコミュニケーションのあり方を含め保護の水準の決定に係る手続的問題も極めて重要である。

以上のことは，「安全」とは何かということを問い直すことでもある。安全とは，「受け容れられないリスクの存在しないこと」であり，安全対策とは，問題となっているリスクを，適切な保護の水準（受け容れられるリスクの水準）よりも低い状態になるようにすることである。厳しい安全規制とは，適切な保護の水準を高く（受け容れられるリスクの水準を低く）設定することが基礎となる。「予防原則を適用して厳格な規制を」という声がよく聞かれるが，予防原則の適用を云々する前に必要なことは，適切な保護の水準（受け容れられるリスクの水準）を関係者間のコミュニケーションを通じて決定することである。上記2においても述べたように，予防原則は受け容れられるリスクの水準を左右する原則ではない。予防原則と受け容れられるリスクの水準との関係を正確に理解することは，予防原則の概念を明確にする意味において重要であり，第8章において，食品安全政策の事例で具体的に述べた。

4 本書が分析対象とした予防原則は，EU法や国際法上のそれに限定しており，密接に関連するドイツ法上の事前配慮原則に関する議論の参照はなされていない。対象リスクについても，本書では，化学物質や遺伝子組換え生物など「適切な保護の水準」に関係する議論が行われている健康関連のリスクの問題を主に念頭において論じてきたが，予防原則の対象は海洋汚染や自然資源などさまざまな分野に及んでおり，これらを含めた予防原則全般に及ぶ議論をしていく必要があるだろう。また，EU及びWTOでの議論や判例を参照しているが，EUの判例は本書で取り上げたもの以外にも数多く存在する。さらにEUにおける環境・健康リスク管理の議論とWTOにおけるそれとをほぼ同視して扱ったが，全く同一視して良いわけではなく，共通点と相違点の精査をする必要があるだろう。

このほか，予防原則を論じるためにはリスク論を参照することが不可欠である。本書でも，適切な保護の水準をはじめ，リスクトレードオフ，リスクベネフィット等リスク論上の諸概念を不十分ながらも使用して議論を試みた。法学上の分析においてリスク論における議論を取り込み，位置づけていくことは，今後とも重要になるだろう。

このようにまだ多くの課題が残されているが，わが国及び世界の持続可能な発展のために，この原則が果たす重要な役割を認識し，その法原則としての確立に資するべく議論の精緻化を図っていく必要がある。

あとがき

我々は大小さまざまなリスクに取り囲まれている。「3.11」で予防的対応の重要性を痛感したはずなのに，その後も重大なリスクが方々に放置され，また新たに作り出されてもいる。一方で，メディア報道の影響等により過剰に警戒されていると思われるリスクもある。人類存続の基盤である環境の価値に特に配慮しつつ，総合性，首尾一貫性と適切なバランスを備えた合理的な政策決定が強く求められていると考える。本書は，環境リスク管理政策におけるこうした合理性を担保するための法学上の議論に貢献することを目指した。

本書は，昨年早稲田大学における博士論文（法学）を「早稲田大学モノグラフ」シリーズとして出版した『予防原則と比例原則』が基になっている。これが光栄にも早稲田大学出版企画委員会において「早稲田大学学術叢書」シリーズへのグレードアップの対象に採択され，大学の学術研究書出版制度による助成を受けて本書の公刊に至った。

第1部「予防原則と比例原則」（第1，2，3章）と第3部「予防原則の適用要件」（第6章）は，「モノグラフ」を基礎に加筆・修正を加えた部分である。第2部「予防原則とリスクトレードオフ・一貫性原則」（第4，5章）は，新規に考察・執筆を行った。第4部「食品安全政策における予防原則」（第7，8，9章）は，学術誌等にこれまでに掲載した論文等を基に整理したものである。

本書の完成は多くの方々のご指導・ご協力の賜である。とりわけ博士後期課程（環境法専修）での指導教授で論文審査委員会の主査である大塚直教授は，時折あらぬ方向へ進もうとする筆者を軌道修正して論文を完成に導いて下さった。厚く御礼申し上げる次第である。論文審査委員会の副査の楜澤能生教授・現法学部長（法社会学）及び首藤重幸教授（行政法）には，折に触れ丁寧なご指導と有益なご助言を頂戴した。また，修士課程及び博士後期課程を通じ，清水章雄教授（国際経済法）をはじめ諸先生方から多くのことを教えていただいた。環境法政策学会での報告の際等においても諸先生方から貴重なご意見を頂いた。皆様に心から感謝の意を表する次第である。もとより本書の内容についての責任は筆者に帰するものであり，また本書に含まれる見解は筆者個人の見解であって，筆者の属する組織の見解を示すものではない。

刊行に関して本書を採択していただいた早稲田大学出版企画委員会の関係の方々には，厚く御礼申し上げる。また早稲田大学出版部の皆様，特に出版部の武田文彦氏並びに角川学芸出版の福山みさお氏には大変にお世話になった。記して謝意を表する。

2015年3月

藤岡 典夫

事項索引

◆た行

◆な行

◆は行

◆ま行

◆や行

◆ら行

判例索引

◆欧州裁判所
（欧州司法裁判所，欧州第一審裁判所）

◆EFTA裁判所

◆国際海洋法裁判所（ITLOS）

◆WTO紛争解決機関

The Legal Principles of Environmental Risk Management: the Precautionary and Proportionality Principles

FUJIOKA Norio

The importance of the precautionary principle in situations of scientific uncertainty came into sharp focus due to the Great East Japan Earthquake and the Fukushima nuclear disaster in March 2011. However, the precautionary principle cannot be used alone to determine what precautionary measures should be taken. This book uses a legal approach to address this issue.

Part I discusses two scenarios from the viewpoint of how to understand the control of precautionary measures using the proportionality principle. First, it assesses environmental risk management measures in general, regardless of scientific uncertainty or the application of the precautionary principle, and second, it examines measures for situations where there is scientific uncertainty and the precautionary principle is to be applied. A review of EU and WTO laws shows that environmental risk management measures based on the precautionary principle would still be substantively controlled by the proportionality principle.

Part II deals with a study of the principles (except the proportionality principle) that should be applied to environmental and health risk management, namely the risk trade-off principle and the consistency principle. Risk trade-off must be taken into account when implementing measures under the precautionary principle. The principle of consistency is also important as a means of control in risk management measures.

Part III addresses the "threat of environmental harm" requirement, which is one of the conditions for applying the precautionary principle. Those levels of harm that do not meet the appropriate standard of "serious or irreversible" do not warrant the application of the principle. The European Commission's definition of the principle lacking this threshold of harm does not place meaningful constraint on applying the principle and is likely to leave decision-makers extremely broad discretion in doing so.

Part IV addresses Japanese food safety policy. When defining specific policies to ensure food safety (such as the establishment of standard limits for radioactive contaminants in food) and providing information to consumers, it is not clear whether the appropriate level of protection has been established. The term "appropriate level of protection" should definitely be adopted and utilized explicitly in Japan's food safety policy. Consumers must be informed not only that the food safety measures are based on scientific evaluation, but also that the concept of "food safety" involves normative judgments.

Keywords: precautionary principle, proportionality principle, environmental risk management, appropriate level of protection, acceptable level of risk, EU Treaty, WTO/SPS Agreement, risk trade-off, principle of consistency, threat of environmental harm, food safety policy

著者略歴

藤 岡　典 夫（ふじおか のりお）

1953年大阪府生まれ。1976年3月京都大学法学部卒業，同年4月農林省（現農林水産省）入省。食品流通局物価対策室長等を経て，2001年から農林水産政策研究所にて研究業務に従事，現在に至る。2010年から2013年まで同研究所総括上席研究官（食料・環境領域長）。
2015年4月から埼玉大学経済学部非常勤講師を兼任。
2009年6月博士（農学）（東北大学）。
2013年3月早稲田大学大学院法学研究科博士後期課程退学，同年4月博士（法学）。

主要著書・論文

『予防原則と比例原則——環境リスク管理における「保護の水準」の分析から』（早稲田大学出版部，2014年）。
『食品安全性をめぐるWTO通商紛争——ホルモン牛肉事件からGMO事件まで』（農山漁村文化協会，2007年）。
『GMO：グローバル化する生産とその規制』（『農林水産政策研究叢書』第7号，2006年，共編著）。
「安全性判断に係る専門技術的行政裁量に関する一考察」（『早稲田大学大学院法研論集』第146号，2013年）。
「予防原則の適用のための「損害のおそれ」要件——EUのアプローチの含意」（『早稲田法学会誌』62巻2号，2012年）。
「EU加盟国の予防原則の適用措置に対する比例原則による統制——欧州司法裁判所の二事件の分析から」（『早稲田大学大学院法研論集』第143号，2012年）。

早稲田大学学術叢書 40

環境リスク管理の法原則
—予防原則と比例原則を中心に—

2015年3月31日　　初版第1刷発行

著　者……………………藤 岡　典 夫
発行者……………………島 田　陽 一
発行所……………………株式会社 早稲田大学出版部
169-0051 東京都新宿区西早稲田1-9-12
電話 03-3203-1551　　http://www.waseda-up.co.jp/
装　丁……………………笠 井　亞 子
印　刷……………………理想社
製　本……………………ブロケード

ISBN978-4-657-15704-1 C3332

刊行のことば

早稲田大学は、2007年、創立125周年を迎えた。創立者である大隈重信が唱えた「人生125歳」の節目に当たるこの年をもって、早稲田大学は「早稲田第2世紀」、すなわち次の125年に向けて新たなスタートを切ったのである。それは、研究・教育いずれの面においても、日本の「早稲田」から世界の「WASEDA」への強い志向を持つものである。特に「研究の早稲田」を発信するために、出版活動の重要性に改めて注目することとなった。

出版とは人間の叡智と情操の結実を世界に広め、また後世に残す事業である。大学は、研究活動とその教授を通して社会に寄与することを使命としてきた。したがって、大学の行う出版事業とは大学の存在意義の表出であるといっても過言ではない。そこで早稲田大学では、「早稲田大学モノグラフ」、「早稲田大学学術叢書」の２種類の学術研究書シリーズを刊行し、研究の成果を広く世に問うこととした。

このうち、「早稲田大学学術叢書」は、研究成果の公開を目的としながらも、学術研究書としての質の高さを担保するために厳しい審査を行い、採択されたもののみを刊行するものである。

近年の学問の進歩はその速度を速め、専門領域が狭く囲い込まれる傾向にある。専門性の深化に意義があることは言うまでもないが、一方で、時代を画するような研究成果が出現するのは、複数の学問領域の研究成果や手法が横断的にかつ有機的に手を組んだときであろう。こうした意味においても質の高い学術研究書を世に送り出すことは、総合大学である早稲田大学に課せられた大きな使命である。

「早稲田大学学術叢書」が、わが国のみならず、世界においても学問の発展に大きく貢献するものとなることを願ってやまない。

２００８年１０月

早稲田大学

黒崎 剛 著
ヘーゲル・未完の弁証法
「意識の経験の学」としての『精神現象学』の批判的研究
¥12,000

片木 淳 著
日独比較研究 市町村合併
平成の大合併はなぜ進展したか？
¥6,500

SUZUKI, Rieko 著
Negotiating History
From Romanticism to Victorianism
¥5,900

杵渕 博樹 著
人類は原子力で滅亡した
ギュンター・グラスと『女ねずみ』
¥6,600

奥野 武志 著
兵式体操成立史の研究
¥7,900

井黒 忍 著
分水と支配
金・モンゴル時代華北の水利と農業
¥8,400

岩佐 壯四郎 著
島村抱月の文藝批評と美学理論
¥10,000

高橋 弘幸 著
企業競争力と人材技能
三井物産創業半世紀の経営分析
¥8,200

高橋 勝幸 著
アジア冷戦に挑んだ平和運動
タイ共産党の統一戦線活動と大衆参加
¥7,900

小松 志朗 著
人道的介入
秩序と正義，武力と外交
¥4,900

渡邉 将智 著
後漢政治制度の研究
¥8,400

石井 裕晶 著
制度変革の政治経済過程
戦前期日本における営業税廃税運動の研究
¥8,500

森 佳子 著
オッフェンバックと大衆芸術
パリジャンが愛した夢幻オペレッタ
¥8,200

北山 夕華 著
英国のシティズンシップ教育
社会的包摂の試み
¥5,400

UENO, Yoshio 著
An Automodular View of English Grammar
¥8,400

森 祐司 著
地域銀行の経営行動
変革期の対応
¥6,800

竹中 晃二 著
アクティブ・ライフスタイルの構築
身体活動・運動の行動変容研究
¥7,600

岩田 圭一 著
アリストテレスの存在論
〈実体〉とは何か
¥8,300

渡邊 詞男 著
格差社会の住宅政策
ミックスト・インカム住宅の可能性
¥4,600

藤岡 典夫 著
環境リスク管理の法原則
予防原則と比例原則を中心に
¥6,200

すべて A5 判・価格は税別